工业设计专业系列教材

产品形态设计

（第2版）

毛　斌　田牧冉　王东珠　编著

电子工业出版社·

Publishing House of Electronics Industry

北京·BEIJING

内 容 简 介

产品形态设计是工业设计中至关重要的一个环节，涉及产品外观、结构、功能布局及用户交互等多个方面。它能带给消费者最直观的感受，是连接设计师与市场的桥梁。本书内容丰富，语言流畅，理论体系完整清晰；阐述了产品形态设计的概念和基本规律，从心理、视觉、传承等多个角度展开，剖析了产品形态设计的应用方法和重要特征。

本书共分为 8 章，分别为产品设计与产品形态设计、认识形态、形态设计基本规律、形态设计基本方法、形态设计与产品要素的关系、形态设计的语意特征、形态情趣化设计以及设计案例。

本书循序渐进，从形态概念入手，逐步深入，同时引入各种理论作为辅助；强调实用，配以大量国内外优秀产品形态示例图片和说明，符合工业设计专业教学改革方向。

本书适合高等院校工业设计专业的学生、设计爱好者与自学者、企业产品设计人员和产品开发决策者参考使用。

图书在版编目（CIP）数据

产品形态设计 / 毛斌，田牧冉，王东珠编著.
2版. -- 北京 : 电子工业出版社，2025. 4. -- ISBN
978-7-121-50087-9

Ⅰ. TB472.2

中国国家版本馆CIP数据核字第2025G2Q979号

责任编辑：桑　昀　　文字编辑：杜　皎
印　　刷：北京利丰雅高长城印刷有限公司
装　　订：北京利丰雅高长城印刷有限公司
出版发行：电子工业出版社
　　　　　北京市海淀区万寿路173信箱　　邮编：100036
开　　本：787×1092　1/16　印张：12　字数：304千字
版　　次：2020 年 2 月第 1 版
　　　　　2025 年 4 月第 2 版
印　　次：2025 年 4 月第 1 次印刷
定　　价：69.00 元

前　言

　　产品形态设计作为工业设计专业的必修课程，是联系形态基础课和专业设计课之间的桥梁和纽带。产品设计是一个综合性过程，是将一个设计理念转化为具体实物的过程，形态设计则是指人为构建或描绘事物的过程。产品形态设计在产品设计中扮演着至关重要的角色，因为它直接决定了产品的外观美感、用户体验及市场竞争力。产品形态设计是产品设计理念的具体体现，是连接设计师与消费者的信息载体。产品形态研究对设计师来说就是产品设计的主体，设计师通过产品形态来表现产品的机理，传递产品的信息；而消费者通过产品的形态来认识产品，从而去使用产品。

　　产品形态设计课程教材的编写和研究在工业设计专业教学中的重要性是不言而喻的。好的教材有助于培养和提高学生的基础造型能力，并将其应用于实际产品设计当中，完成从理论学习到实际运用的转变。对产品形态设计的学习，有助于学生把头脑中的抽象设计思路转化为具象的产品设计。

　　为帮助读者更好地学习产品形态设计方面的相关理论，编著者在本书2020年版的基础上，进一步完善内容体系，将案例进行了更新。本书从形态设计的根源入手，通过对形态设计和产品概念、对形态设计的基本规律的介绍，引出产品形态设计的基本方法，阐述两者之间的重要关系，让学生通过对形态设计原理和特征的理解，掌握多元化的创意方法。

　　形态设计的基本方法部分包括以下主要内容：首先，围绕产品形态设计定位和影响产品形态设计的决定因素两个方面进行介绍。其次，对形态设计的方法进行具体的阐述，让学生了解形态设计的基本方法，通过形态的不同运动变换形式引出分割、组合和变异等不同的设计方法。再次，细化每种方法的要点和注意事项，通过大量的实例帮助学生理解和接受教学内容。最后，引导学生掌握新的观察与学习方法，以点带面，创造更多、更新颖的产品形态。

本书重点剖析形态设计的语意特征，通过对符号与设计符号的解读、对产品语意设计的分析，介绍影响产品语意的因素，以及产品语意设计的修辞表达方法，让读者可以认识到产品语意的重要性，帮助读者理解语意设计的理念和方法，并且掌握产品语意设计的表达技巧。

本书的出版得到山东建筑大学美谋工作室师生的大力支持，在此表示真诚的感谢！向提供设计案例分析的同学表示感谢！为与工业设计专业更好地结合，本书借鉴、参考了国内众多知名学者、教授的相关教材和著作，在此向他们表示感谢！本书选用的案例旨在普及教育，无商业目的，部分图片来自互联网，在此向图片作者表示感谢！

由于编著者水平有限，本书难免有不足之处，恳请广大读者和专业人士批评指正。

编著者

2024 年 11 月于济南

目　录

第4章

形态设计基本方法

第5章

形态设计与产品要素的关系

第6章

形态设计的语意特征

第7章

形态情趣化设计

第8章

设计案例

第 **1** 章

产品设计与产品形态设计

教 学 目 标

- 📖 了解产品设计的概念。
- 📖 掌握产品设计的基本要素及其相互关系，如材料对形态的影响、工艺给形态带来新的变化，为后面章节的学习打下基础。
- 📖 了解在产品改进设计中的形态变化是局部设计与修正，在创新设计中要求形态具有全新的变化，甚至改变人们的生活方式。
- 📖 作为未来的设计师，了解应该注意的产品要素。

形态设计是产品设计的外在表现，是功能、材料、结构、工艺等产品要素的综合，是产品功能的载体。不同的产品层次对形态设计提出不同的要求和设计方向。

1.1 产品设计及其要素

建设质量强国，作为推动我国经济高质量发展、实现从大到强转变的关键战略，其核心任务之一便是推动工业品质量迈向中高端水平。在这一进程中，产品设计作为质量提升的重要牵引力，不仅是技术创新的体现，还是满足人民日益增长的美好生活需要的关键环节。产品设计不是产品外观与功能的简单结合，而是深刻融合美学、工学、市场学、心理学等多种设计要素的整体性创造过程，这些要素相互交织、共同作用，赋予产品独特的价值和意义。

产品设计复杂而多维，要求设计者必须精准提炼并融合各种设计要素，以确保最终产品能够契合时代潮流、满足市场需求。对设计要素的提炼不仅关乎产品外在形态，还要深入产品内在功能、用户体验、文化内涵等多个层面，这些层面的因素共同决定了产品的市场竞争力和消费者满意度。

无论在任何时候，产品设计要素都如同构建产品质量的基石，对产品形态设计乃至整体产品质量的提升具有深远的影响。因此，深入理解和把握产品设计各要素及其相互关系，对于提升产品质量、推动产业升级、满足人民对美好生活的向往具有不可估量的价值。这要求我们在产品设计过程中，既要注重技术创新和美学追求，又要充分考虑市场需求和用户体验，通过科学的方法和严谨的态度，不断优化设计要素的组合与运用，从而创造出更多符合时代要求、引领市场潮流的高质量产品。

1.1.1 产品设计概念

所谓产品设计，即对产品的造型、材料、结构和功能等方面进行综合性设计，以便生产出符合人们需要的，实用的、好用的，人们希望拥有的经济、美观的产品。

产品设计反映一个时代的经济、技术和文化。它可以被看作一个创造性的综合信息处理过程，是将人的某种目的或需要转换为一个具体的物理或工具的过程；是把计划、设想、解决问题的方法，通过具体的操作，以理想的形式表达出来的过程。

2023年，中共中央、国务院印发《质量强国建设纲要》，提出推动工业品质量迈向中高端，发挥工业设计对质量提升的牵引作用，大力发展优质制造，强化研发设计、生产制造、售后服务全过程质量控制。这意味着随着科学技术的飞速发展和人们生活方式、价值观念的不断变化，人们对现代产品提出了更高的要求。产品设计的过程由此变得更为复杂，需要更多地从心理角度去捕捉消费者的消费方向。为适应产品设计的不断变化，设计师所需的专业知识更加广泛，设计师需要把市场学、经济学、文化艺术、科学技术等多种知识结合在一起，为自己提供更广的设计思维和更大的支持。

1.1.2 产品设计要素及其相互联系

全面了解产品设计，要了解产品要素，产品有哪些基本要素呢？功能、材料、结构、形态等构成产品的基本要素。

功能是产品设计的决定因素，不同的功能决定不同的产品形态，但功能并不是影响产品形态的唯一因素，产品形态设计有别具一格的方法和手段。功能和形态不是单一对应的关系，同一种功能，受其他产品要素的影响，可以产生多种形态。这也是工业设计与纯机械产品设计的区别所在。

材料条件和结构形式是实现产品功能和形态的基础，用不同的材料和结构形式制造的产品会表现出不同的形态。如图 1-1 所示，家具中的沙发，选用不同的材质，需要相应地改变结构和加工方法，最终形态变化会很大。从图中我们可以看出，真皮与金属结合的沙发给人高档、奢华的感觉，触感光滑且富有质感，适合商业空间；布艺沙发给人温馨、柔软、舒适的感觉，触感柔和，适合装点现代家庭；偏硬材质的沙发通常给人稳重、正式的感觉，支撑性较好，适合办公空间与公共空间；偏软材质的沙发通常给人稳重、正式的感觉，支撑性较好，适合卧室与休闲空间。

图 1-1 形态和功能不同的沙发

在功能、材料、结构、形态之间，功能是目的，材料、结构是条件，形态是手段，设计要素之间存在对立与统一的关系。

设计大师赖特说："只重视功能而忽视形态，就会产生机械的功能主义；只讲究形式表现，忽视功能，就是虚伪的形式主义。两者必须互为表里，密切结合，达到矛盾的统一。"设计师要了解所要设计的产品的功能及其包含的一切内容，使形态适应功能，形态反过来也有自己的独立价值，对产品功能起到一定的促进作用。

结构、材料、工艺是造型的物质技术条件，既给产品形态以制约，又起到一定的推动作用。没有适当的结构，就没有所谓的造型。例如，一张纸竖起来经受不住任何压力，但围成圆筒，就能承受一定的压力。这说明结构不同，产品形态和品质也有一定的变化。

形态的美是通过形、色、质给观赏者以感情影响。不同的材料与加工技术会在视觉和触觉上给人不同的感觉。形、色、质是依附材料并通过工艺技术体现出来的。

综上所述，充分利用产品设计各要素的关系，能够给产品带来多样化的风格与情趣。

在后面的章节里，我们会详细介绍不同产品要素对形态的影响。

产品形态创意是产品设计中包含的一个十分重要的内容。在产品设计中，设计师根据市场提供的基本信息，利用形态语言，对产品做出正确的形态设计定位，使其能够表达设计的目标与意图，然后在上述基础上展开更深入的设计构思，最终利用设计评价方法在众多的设计方案中筛选出一个比较理想的设计方案，进行再加工，得到理想的产品。

1.2 产品设计的两个层次影响产品形态设计

产品设计一般分两个层次，两个不同的层次对产品形态设计提出了不同的思路：第一个层次为产品改进设计，对现有产品进行改造，属于低级层次；第二个层次为产品创新设计，是根据市场和消费者需求变化进行全新设计，属于高级层次。

1.2.1 产品改进设计

在现实生活中，并不是所有产品都需要重新研发与设计。有时产品的大部分要素在市场中并没有过时，如产品的功能原理、结构、技术要素等，只是某个要素不能适应消费者的需要，如材料、外观、色彩及局部设计不合适，影响人们使用，影响产品销售。例如，吸尘器技术已经很成熟，产品结构和工作原理不会有太大变化，如果重新开发，产品周期和费用就会增加，造成浪费。为促进销售，企业一般会找出实质性的问题，对症下药，在原有产品基础上进行改进，以适合当前市场的流行趋势，促进销售。这时，设计师的工作重点就是对产品进行局部改进，如从形态、色彩、材料、工艺到包装、装饰等角度进行调整；同时，兼顾材料、工艺与时尚、文化的协调，也不能忽略造型与现有技术条件、投资、市场销售之间的协调。只要综合效益有所提高，就可以从产品要素的某个部分出发着手进行设计，如改变把手的材料和长短，以及主机的形态与色彩等。吸尘器造型的变化，如图 1-2 所示。

图 1-2　吸尘器造型的变化

产品改进设计的重点体现在产品的外观形态方面。

任何产品都有一个从研发到退市的生命周期：首先，企业经过市场调研确定产品方向，然后开始研发新的产品。经过一段时间的开发，这种产品被投放到目标市场进行销售，进入产品的成长期。产品在市场上能够满足消费者的需要，为企业带来利润。最终，产品市场表现稳定，进入成熟期。此后，产品开始走下坡路，原有的优势不再存在，最终退出市场，被更多、更好的竞争产品取代。

企业希望延长产品的生命周期，这样既节约成本，又能带来更大的效益，产品改进设计的作用就此显现出来。它能够延长产品的生命周期，给产品带来循环的成熟期。当产品由成熟期转向衰退期时，产品改进设计可以让产品重新赢得市场和消费者，从而延长产品生命周期，使企业利润最大化。产品开发周期与利润的关系，如图1-3所示。

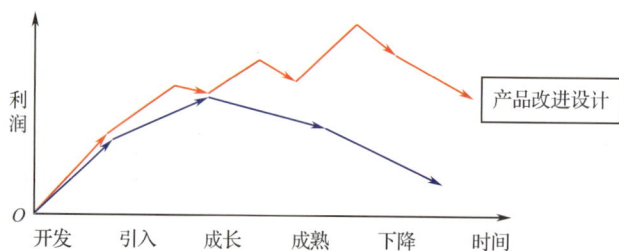

图 1-3　产品开发周期与利润的关系

以冰箱为例，普通家用冰箱的工作原理和技术性能已经不能满足信息时代年轻人的需要，但冰箱现有的成熟技术仍是质量的保证。为继续吸引消费者，为新型冰箱的研发争取时间，企业纷纷在冰箱的形态和技术细节上做文章，如运用时尚的外形、亮丽的色彩或充满噱头的新技术，尽可能延长老产品的生命周期。图1-4为在外形上大做文章的冰箱。

图 1-4　在外形上大做文章的冰箱

图 1-4　在外形上大做文章的冰箱（续）

1.2.2　产品创新设计

随着时代的发展，人类社会发生了很大的变化。在社会不断发展的过程中，我们需要更加坚定地致力于建设质量强国，推动产品质量水平不断提升，实现中国制造向中国创造的华丽转身。同时，我们需要珍视中华传统文化，将传统文化与现代科技融合，为产品赋予更深厚的文化内涵。我们要不遗余力地发展优质制造，不断探索创新，引领行业发展，以优质产品赢得市场和消费者的认可。

面对新时代复杂多变的挑战与机遇，设计师肩负着用工业设计方法创新性地思考产品设计的重任。在产品研发方面，随着科学技术的不断进步，产品的功能不断更新，新材料、新工艺也不断出现。在市场消费方面，由于人们生活水平的提高，新的消费需求不断增加、消费环境不断更新，产品使用的条件、用户群体都在不断变化。同时，不同国家、不同地区的社会习俗、时尚风格也在变化，多种因素相互影响，而促进生态环境保护的可持续发展理念也成为当今乃至未来产品发展的主题。因此，设计师需要用工业设计方法对产品设计重新进行思考，从产品所有要素综合入手，不断满足消费者随时变化的市场需求。

例如，使用变化带来的形态创新。所谓使用变化，就是通过改善或改变原来的产品操作方式或为产品提供新的功能，使其更符合现代人不断变化的使用习惯，从而使产品更能满足消费者对时尚生活方式的需要。过去，人们使用带线耳机，需要将插头插入电子设备进行连接。随着无线蓝牙耳机的问世，耳机使用者可以不再被恼人的耳机线牵绊，自在地以各种方式轻松通话或听音乐。蓝牙耳机自问世以来，一直是行动商务族提升效率的好工具。蓝牙耳机的形态创新如图 1-5 所示。

图 1-5　蓝牙耳机的形态创新

1.3　产品设计要素对设计师的要求

设计师在进行产品设计时，需要了解产品设计的基本要求。设计师只有了解这些基本要求，才能更好地抓住不同设计要素之间的关系，以其为起点进行设计，更好地针对产品设计的两个层次进行形态设计。在这个过程中，设计师需要以质量强国为目标，将产品设计与制造质量紧密联系，确保产品的品质稳定可靠，满足消费者的需求。

设计师应该对传统文化充满自信，汲取中华传统文化的精髓，将传统文化元素融入产品设计之中，赋予产品更深厚的文化内涵和独特的民族特色。同时，要大力发展优质制造，不断提升产品的技术含量和工艺水平，使产品更具有竞争力和市场吸引力。

1. 产品的功能性要素

产品的功能包括物理功能和心理功能两个方面。物理功能主要是指产品的基本性能，包括结构的安装方便性、使用的安全性、人机关系的合理性等；心理功能主要是指产品的形态、色彩、材质等各要素给人们带来的美感与快感。另外，产品的形态、色彩、材质等要素具有一定的象征性，通过象征性可以体现消费者的个人价值、兴趣爱好或社会地位等。

2. 产品的审美性要素

每个设计师都会有自己的主观审美意向，但产品的审美性不是由设计师个人的喜好决定的，具有普遍性的大众审美情调才能称为产品的审美性。产品的美随着时代的发展不断变化，有时通过复杂多变的装饰取得，有时通过变幻多姿的工艺取得，现在往往通过新颖、简洁的造型和材料的变化来体现，但前提必须是满足产品功能的需要。

3. 产品的经济性要素

设计师必须从消费者的利益出发，在保证质量的前提下，选择材料，简化构造，尽量降低成本，提高功能，这样才能为用户带来实惠，最终为企业创造效益。

产品设计是一个全方位、多层面的系统工程，对每家企业都具有相当大的影响，其最终目的是最大限度地创造产品的商业价值，提高产品的竞争力。应该注意的是，产品设计不是按某个人的主观意志去做的，而是要以科学态度最大限度地发挥各部门的效能，合理运用现有科技和创造性的形态设计，最终促进产品的销售。

4. 产品的创造性要素

只有创造性的设计才能给产品带来生机与活力。新产品的诞生无不始于创造性思维，创造性思维是指设计师借助想象、灵感等思维过程对前期收集的信息进行组合加工，形成解决问题的方法的思维过程。人类社会的每一种物质产品都充满创造精神，也正是创造精神开创了人类社会文明。

设计的内涵就是创造。产品设计必须能创造出更新、更便利的功能，或能设计出新鲜造型，让消费者感觉到新的设计。

5. 产品的适应性要素

产品是要被使用的，好的设计就是要满足消费者在特定环境下的特定需求。因此，产品设计必须考虑人—产品—环境的关系，处理好三者之间的关系，从而实现"以人为本"的设计最高目的。

产品设计不能只孤立地着眼于小的使用环境，还应该考虑社会环境的适应性。首先，产品应该易于被消费者认知、理解和使用；其次，在环境保护、法律法规、社会伦理、知识产权等方面，产品也必须符合社会环境的要求。

6. 产品设计对设计师自身的要求

在产品形态创新的过程中，设计师不仅要掌握与产品形态相关的材料、结构、生产技术及人机工程等方面的知识，领会和把握当下的艺术发展趋势和时尚特征，还要具备较高的艺术修养，掌握形态设计原理与方法，提高形态设计的创新能力。

产品形态设计体现了设计师技术与艺术的高度结合，是设计师创造力的一种表现，反映了设计师对当代社会价值观念的认知与理解。正因为如此，一个好的产品形态必定会唤起人们内心的联想，以此发掘人类内心的情感密码。

■ 小结

本章重点讲述了产品设计的两大层次对产品形态设计的影响。为延长产品的生命周期，可以对产品形态进行改进；消费需求、消费环境的不断变化也会对产品形态产生影响，从而促使设计师创造出新的产品形态。

■ 习题

1. 任选一个品牌的产品，观察该产品是如何为适应市场变化而进行形态改进的。

2. 请找出一些因消费者使用方式的改变而使产品在形态方面发生变化的产品案例。

第2章
认识形态

教 学 目 标

📖 认识形态的基本概念和概念中包含的深层意义。

📖 通过了解形态的分类和特征，了解形态设计的丰富资源。

📖 学会用设计师的眼光重新审视身边的所有形态，为更好地进行形态设计打下基础。

📖 在学习的过程中多留心观察，积累更多的形态信息。

学习形态的重要作用是什么？

（1）消费的多样性决定了形态设计的必要性，因此消费心态和消费层次的变化决定了产品形态的设计方向。例如，持高档消费观的高收入阶层和持普通消费观的中低收入阶层，选择的手表形态差异一定会很大，如图2-1所示。在党的二十大报告指引下，设计师应当重点关注消费品的设计创新，加强创新创意设计，推动包括纺织品、快速消费品、家电家居用品等在内的各类产品升级迭代和品牌化发展，以满足不同消费层次的需求。

（2）大部分产品涉及的工程技术已经趋于成熟，而形态设计往往需要创新。设计师只有具备良好的形态设计能力，才能更好地进行产品设计，加快对新技术的研发与应用。例如，在移动终端、可穿戴设备、新能源汽车与智能网联汽车等领域，设计师要不断提升产品的智能化水平和用户体验；文具等儿童和学生用品的益智性、舒适性、安全性设计，以及养老产品、康复辅助器具等特殊产品的研发和设计也需要重视。

价格低廉，外观时尚，适合中低收入年轻消费群体的手表

功能齐全，外观简单，适合特殊消费群体的手表

价格昂贵，外观豪华，适合高收入消费群体的手表

图 2-1　不同形态的手表

（3）注重形态与各要素的关系，避免形态设计仅停留在表面，由纯粹的形态设计转向深入的产品形态设计。在家电、家具、可穿戴设备等产品设计中，推广人机工程设计，加强人机工程基础研究与产品标准研制，确保产品形态不仅美观，而且实用、舒适。

（4）产品形态创意结果的好坏将直接影响消费者对产品的接受度，进而影响产品在市场中的成功与否。因此，培养和加强学生的产品形态创造能力，始终是设计教学最为关键的任务之一。我们要将党的二十大报告中关于创新、品牌化、智能化等的理念融入设计教学中，培养出更多具有创新精神和实践能力的设计师，为我国的消费品产业升级和品牌建设贡献力量。

2.1 形态概念

设计师要将其设计最终呈现出来，必须通过视觉化的形式。因此，从某种意义上说，工业设计是一种"造型设计"活动。设计师只有将科学技术和艺术完美整合，才能创造出变化多样的产品形态。然而，很多时候，人们会误认为工业设计只是简单的"外观形状设计"，忽略了设计师利用形态向外界传达的思想与理念。无数中国设计师以坚定的文化自信，深入挖掘中华传统文化的精髓，将其智慧与美学巧妙地融入产品设计中，不仅赋予产品深厚的文化内涵，还展现了独特的民族特色与风采。这一创举是对传统文化的传承与弘扬，更是文化自信在国际舞台上的璀璨绽放。

企业要将文化自信转化为具体的产品形态，必须借助工业设计的力量。工业设计作为一种"造型设计"活动，其核心在于通过视觉化的形式，将设计师的创意与思想完美呈现出来。这一过程要求设计师，不仅要精通科学技术，掌握先进的制造工艺与材料知识，还要具备深厚的艺术修养与审美能力，实现科技与艺术的完美融合。只有这样，设计师才能创造出既具有实用性又富有艺术感染力的产品，满足消费者多样化的需求，同时传递出自己独特的思想与理念。

因此，对设计师而言，正确掌握形态的概念，并准确把握形与态之间微妙而紧密的关系，是至关重要的。形态，作为产品设计的核心要素之一，不仅是外观的呈现，还是功能与理念的载体。

2.1.1 形态基本概念

形态不是形状，对于形态的概念，应该把它分成两部分来理解。首先是形的概念。形是指物体的外形和形状，是事物的外部轮廓，如常说的几何形（矩形、圆形、三角形等）、自然形（树形、花形等）。其次是态的概念。态是指物体透过形体现的内在的神态，也就是蕴含在物体中的"精神"。形态就是形与神的结合，也就是中国画追求的最高境界——形神兼备。例如，矩形严谨，用于表现宁静、典雅；圆和椭圆形饱满，用于表现完满；曲线自由度强，自然、具有生活气息，用于表现动态造型，营造富有节奏、韵律和美感的气氛。

在中国画史上，最早提出"传神"概念的是东晋大画家顾恺之。传神论主要受到汉末魏初名家论"言意之辨"和魏晋玄学的影响。传神论是中国古代艺术流行的审美准则。

康定斯基曾经说过，我们不应被物体的外表形象迷惑，而应该去表现它的本质——精神实质。设计师也可以通过形态的形神兼备特性，在设计作品中表现自己的性格和情趣，以及对事物的看法，创造出独特的富有生命力的形态。

2.1.2　形态基本分类与特征

我们生存的世界中存在的形态是包罗万象的，大到宇宙星系，小到分子、粒子，数不胜数。此外，物质是不断运动变化的，形态也随着这种变化不断地发展和变化，星系的崩塌、地壳的运动都在不断改变着我们的世界。所以，形态的变化是无穷无尽的，也是永恒的。

我们生活的社会也在无穷无尽的形态变化中得以延伸和发展。理解形态发展变化的这种必然性与永恒性，可以使我们更充分地认识和理解形态，对有目的地创造新的形态有很大的帮助。

形态一般可以分为实际形态（具象形态）和概念形态（抽象形态）两大类。

1. 实际形态

实际形态包括自然形态和人们改造自然、征服自然，创建文明生活所产生的人工形态。

（1）自然形态。

在自然界中存在着各种各样的形态，如地球上有生命的动物、植物、微生物，无生命的山川、流水，太空中的星云、星系等。我们把这些形态分成有机形态和无机形态两大类。有机形态是具有生命力的形态，如各种动植物的形态；无机形态指无生命的形态，如奇峰怪石、行云流水等。自然形态，如图 2-2 所示。

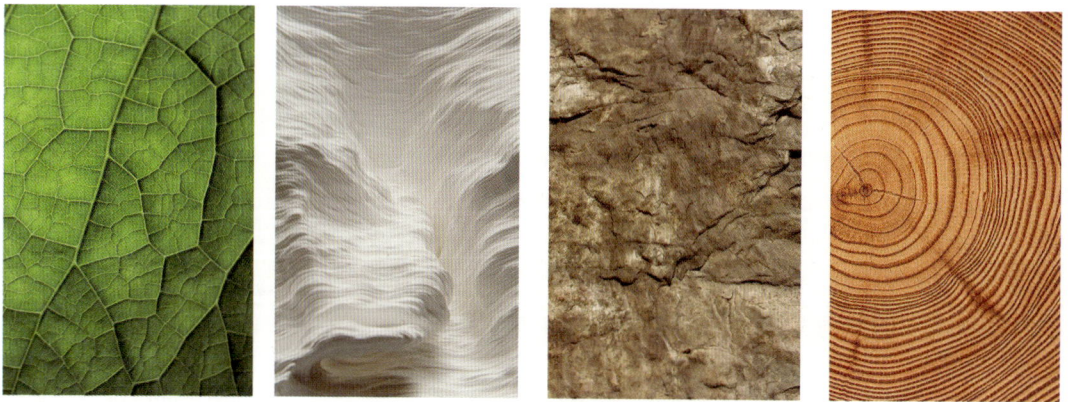

图 2-2　自然形态

（2）人工形态。

人工形态是人类借助一定工具在不同材料基础上创造出来的各种产品形态。例如，远古时代的石斧、陶罐，奴隶社会的青铜器，封建社会的瓷器，现代社会的各种家用电器、交通工具，还有建筑、家具、机器设备等。人工形态，如图2-3所示。

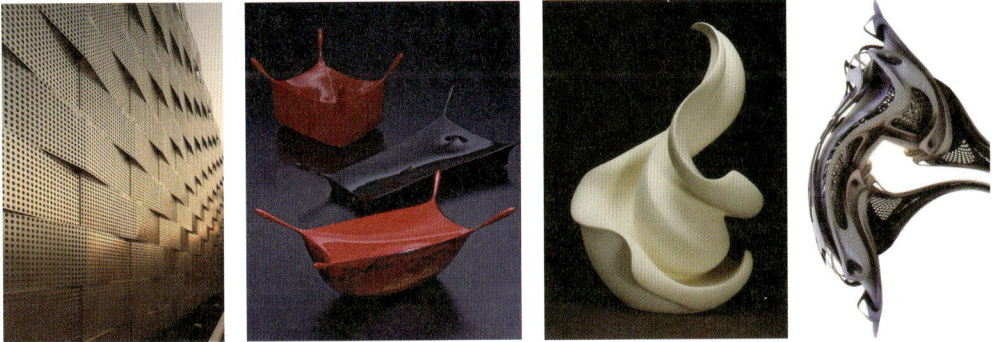

图2-3 人工形态

自然形态与人工形态的根本差别在于它们的形成方式。一般来说，自然形态的形成与发展除自然力的作用外，还要遵循自身的变化规律。一个生命在从出生到成长的过程中形态的变化主要靠符合自然进化规律的维系自身生命的系统，而地壳运动变化又给自然界的山川地貌带来巨大变化。人工形态则完全是按照创造者的意愿形成的，是为了满足人们不断变化的生活需要。它不仅满足和丰富了人们对物质生活的要求，还起到了美化生活环境、影响人的内心情感、陶冶人的思想情操、提高人的精神生活质量的重要作用。

2. 概念形态

概念形态是不能被人们直接感知的形态，是人们根据自然规律总结出来的便于人们认知世界而产生的形态。

康定斯基对现实世界中实际的形态进行了研究。他从视觉艺术的角度，以分解的方法，发现世界上所有的形态都是由相同的一些基本要素组成的，这些基本要素就是点、线、面。概念性的点、线、面、体、空间、肌理等是立体构成的基本元素。这些元素是人们从所有的现实形态中抽象出来的，因而由这些概念元素构成的概念形态也称为抽象形态。

形态给人的感受是物象的外形，而构成物象外形的是点、线、面。康定斯基进一步分析了不同的点、线、面给人带来的不同感受，进而认识到点、线、面本身具有一定的表现力，奠定了抽象艺术的理论基础，依据形态要素本身的表现力去表达感情，从而开拓出一个广阔而又崭新的视觉艺术世界。

（1）几何学的概念形态。

几何学的概念形态在单纯、简洁的同时，具有庄重性、规律性等特性。几何学的概念形态可以分为以下三种类型。

① 圆形：包括圆球体、圆柱体、圆锥体、椭圆球体、椭圆柱体等。

② 方形：包括正方体、方柱体、长方体、多面体、方锥体等。

③ 三（多）角形：包括三角体、多角柱体、多角锥体等。

（2）有机的概念形态。

有机的概念形态是指由有机体形成的抽象形体，如生物的细胞组织、水冲刷形成的鹅卵石等形态。这些概念形态通常带有曲线弧面造型，形态显得饱满、圆润、单纯而充满张力。

（3）偶然的概念形态。

偶然的概念形态是在自然界中偶然形成的形态，如闪电划过天空、撞击产生的裂痕和损伤、石头投入水中产生的涟漪、瓷碗掉在地上破碎的形态等。这些形态往往带有一种无序和刺激的感觉。偶然的概念形态具有一种特殊的力感和出人意料的变化效果，能给人启示或某种联想，经过设计师加工和提炼就可能形成具有创意的新的形态，这种形态往往比一般的形态更具有魅力和吸引力。

自然界为设计师提供了极其丰富的形态资源，是艺术创作取之不尽、用之不竭的源泉。设计师要深入了解大自然，注意观察身边的每个形态，从大自然中获得设计灵感；同时，对前人创造的形态要虚心学习，取长补短，在继承中有所创新。总之，设计师要从纷繁的形态中将美的要素提炼和抽象出来，创造出优秀的产品立体形态。

2.1.3 形态艺术性

设计师要多关注形态的艺术性，中国古代家具就体现出了古人对形态的艺术性的追求。明清时期的家具采用小结构拼接，使用榫卯结构，在形态上注重功能的合理性与多样性，既符合人的生理特点，又体现出富贵典雅之感，是艺术性与实用性最完美的结合。当时的家具没有过多的装饰，主要突出木色纹理，体现材质美，形成清新雅致、明快简约的设计风格，如图2-4所示。

明清家具具有"材美工精、典雅简朴"的特点，将雅俗熔于一炉，雅而致用，俗不伤雅，达到美学、力学、功用三者的完美统一；造型简练稳重，注重外部轮廓的线条变化，形体敦厚而显得庄重秀丽，体现出科学性和艺术性融于一体的造型美；装饰手法善于提炼，精于取舍，注意木材的纹理，工精意巧，隽永耐看。

图 2-4　明清家具

20 世纪初，德国包豪斯学校提出以下三个基本设计观点。

（1）艺术与技术相统一。

（2）设计的目的是人，而不是产品。

（3）设计必须遵循自然与客观法则。

这些观点对于工业设计的发展起到了积极的作用，使现代设计逐步由理想主义走向现实主义，同时确定了产品设计的艺术性在设计中的作用。

进入 21 世纪，产品设计更多的是让产品富有艺术性和装饰性，有的产品的艺术性甚至超过了其功能价值。现在的产品形态在满足功能性要求的同时，更加注重整体的艺术性，是实用和装饰的完美结合，如图 2-5 所示。

图 2-5　具有艺术感的当代产品

图 2-6 为包豪斯学校校舍。

图 2-6　包豪斯学校校舍

2.2　用全新视角认识形态

在日常生活中，人们对四周的形态变化似乎司空见惯，对形态的种种变化麻木不仁、视而不见。事实上，形态的变化无时无刻不在发生，只是变化有大有小，但因为我们"熟视无睹"，它们才变得"无影无踪"。因此，我们应该睁大眼睛去捕捉这种"平淡"，用全新的视角认识形态。

2.2.1　由静到动认识形态

自然界的人和事物都不是孤立存在的，和周围的事物与环境息息相关。正是因为这种相互关系，事物的形态不可能是一成不变的，会随着自身因素的作用及外在因素的影响而变化。

设计师需要时刻关注市场动向和消费者需求的变化，不断进行市场调研和竞品分析，以及时捕捉产品形态和款式的变化趋势。这意味着设计师需要与时俱进，保持敏锐的观察力，不断扩大自己的视野，从而抓住产品形态变化的脉搏。同时，设计师需要具备创新意识和灵活应变的能力，能够快速响应市场需求和潮流变化。在设计过程中，设计师需要不断尝试新的形式和风格，勇于突破传统观念，提供与时代潮流相符合的产品形态，以满足消费者的多样化需求。

总之，随着时代的变迁和市场的快速发展，对产品形态的观察和设计不再是静态的，而是需要具备时间感和动态感。设计师只有不断与市场接轨，保持创新和活力，才能在竞争激烈的市场中立于不败之地。

　　事物的变化首先是自身的外形变化，其次是受外界环境的作用产生的变化。另外，视角的变化也会给产品形态带来变化。视角的变化主要是改变视平线位置或前后运动改变视距。有时候，动态往往就是视角运动产生的。例如，当你看某一物体时，你的眼睛永远不会是静止的，你的头与物体的关系也不是静止不动的，人和物之间永远在活动中。西方古典绘画的焦点透视法与中国古典绘画的散点透视法，就体现了对视角运动变化的不同理解。西方画注重画面中的一个观察角度的空间纵深，通常只有一个消失点，而中国画中的空间纵深处理往往具有多个消失点，即具有多个观察角度。中国山水画能够表现出"咫尺千里"的辽阔境界，正是运用散点透视法的结果。因此，只有采用散点透视法，艺术家才可以创作出数十米甚至百米以上的长卷（如《清明上河图》），而采用西方画的焦点透视法就无法做到。这种运动的视角体现了中国画言之不尽的妙处。中国画与西方画的差别，如图 2-7 所示。

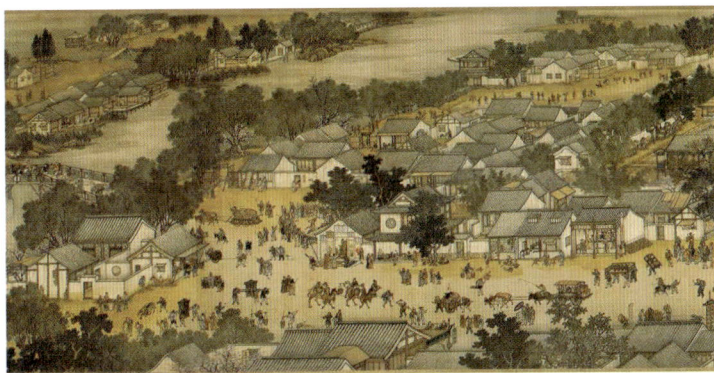

采用散点透视法的中国画

采用焦点透视法的西方画

图 2-7　中国画与西方画的差别

　　人们过去用静止观点理解的是形态的构造，现在用运动观点理解的是形态与形态之间、形态与环境之间的关系。

2.2.2 整体形态代替概念轮廓

一般来说，外形轮廓是物象特征的主要内容之一。外形轮廓分为几何形、有机形、不规则形等。绘画通常从外形轮廓着眼，外形轮廓的变化会让人产生不同的心理感受，如体现出速度感或节奏感。

在产品形态的整个塑造过程中，设计师始终要把形态的整体性和体积感表达出来，从整体去把握形态，而不是从轮廓去把握形态。设计师要在设计时把握整体，就必须在进行观察训练时，摒弃绘画时观察轮廓的方法，而是注重形态整体，注意把握形态的深度、厚度及各方面的细节。设计师对形态的认识和塑造，不能局限在一个立面轮廓上，每个角度的形态都是整体的一部分，需要用心去把握。图 2-8 ～图 2-11 为不同产品形态示例。

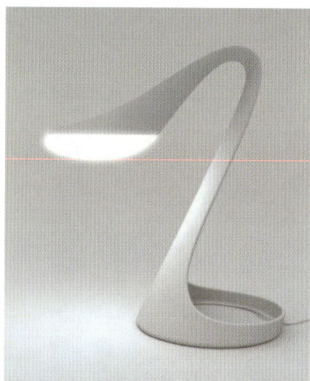

图 2-8　台灯

图 2-9　喷壶

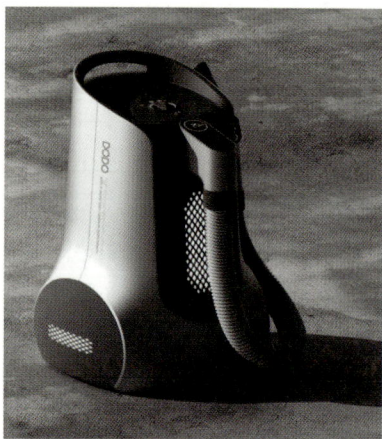

图 2-10　吸尘器

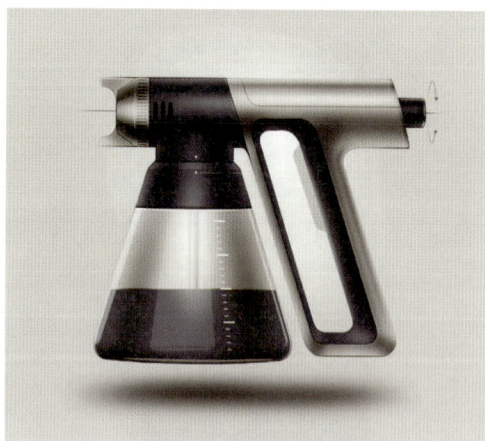

图 2-11　创意喷壶

2.2.3 形态设计过程高于结果

形态设计过程贯穿着设计师的创造思维，设计师的创造思维包含抽象思维、形象思维、灵感思维等。创造思维经过大脑的提炼加工整理，形成有创造性的形态。其中，灵感思维在设计过程中往往具有事半功倍的作用。因此，对于好的设计来说，不应该只是追求设计结果，更应该关注设计全过程。同时，在创作过程中，设计师需要解决一些不可预见的实际问题，如材料、工艺等变化因素。因此，对过程的把握往往是锻炼设计师创造思维和实际创作实践能力的必要手段。图 2-12 为在设计师创作过程中产生的产品。

图 2-12　在设计师创作过程中产生的产品

2.2.4　看到形态背后的内容

我们在观察形态的过程中可以发现，除自身内容外，形态还有形式内容，包含不同外形产生的不同感觉。

几何形中的正三角形有稳定之感，而倒三角形有下垂的感觉；圆形与三角形相比，圆形有圆滑、安全之感，三角形有尖锐、危险之感；横形、竖形相对具有静态感，斜形和弯曲形相对具有动态感。不同的外形，因变化的简单或复杂，或变化规律的强弱而产生种种节奏变化和组合起来的节奏变化。例如，当我们的眼睛在轮廓线上运动时，那些无变化或变化少的轮廓线阻力小，感觉速度快，而那些复杂的外轮廓线使眼睛感觉阻力大、速度慢。物体的外轮廓或简单或复杂，节奏感有所不同，如图 2-13 所示。另外，形态的材料质感和肌理也通过表面特征给人视觉和触觉感受，以及心理联想与象征意义。不同质感的肌理给人不同的心理感受，如玻璃、钢材可以表达科技气息，木材可以表达自然、古朴气息等。设计师可以通过选择合适的造型材料来增加感性和浪漫成分，使产品与人的互动性更强。图 2-14 为金属质感座椅和木质座椅。

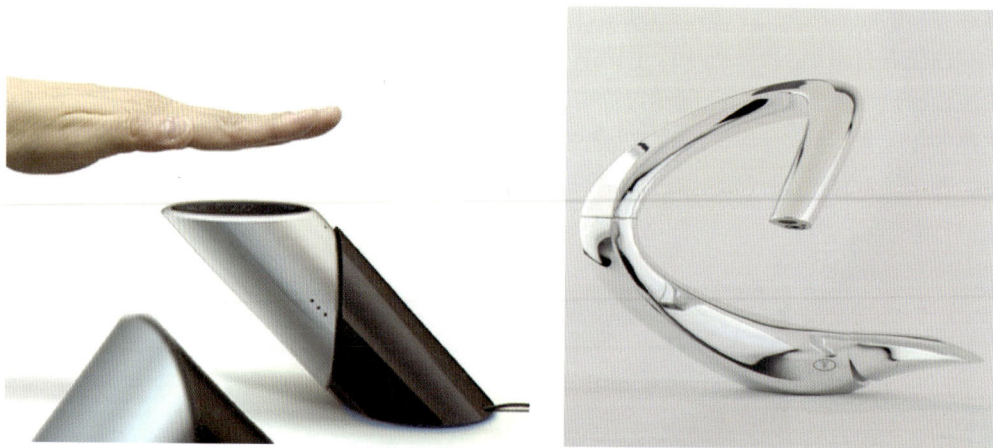

图 2-13　倾斜的形和弯曲的形

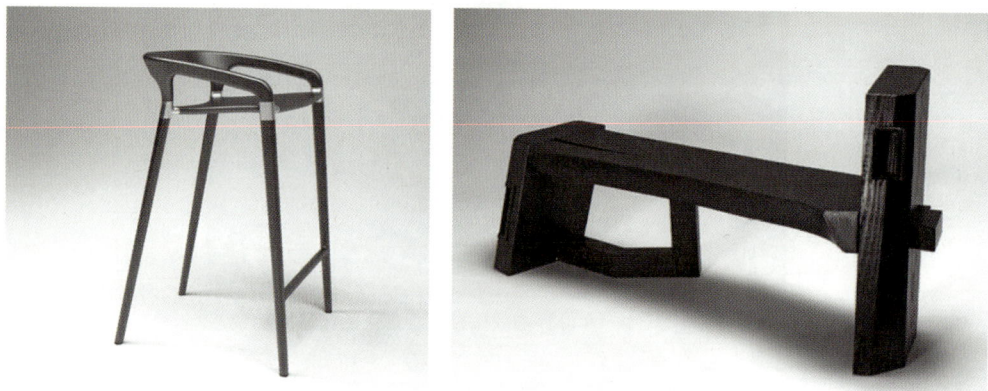

图 2-14　金属质感座椅和木质座椅

■ 小结

　　本章通过对形态概念的讲述，剖析了形态的内涵，使大家可以更充分地认识和理解形态，从全新的角度去观察形态。自然界蕴含着巨大的宝藏，为我们提供了丰富的形态创作源泉，这就是学习形态的意义所在。

■ 习题

　　1. 尽量收集各种形态并进行分类。

　　2. 观察市场中的产品，体会产品形态的艺术性及其内涵。

　　3. 观察现有产品，举例分析说明由静到动认识产品形态、用整体形态代替轮廓概念的产品形态、形态设计过程高于结果。

第**3**章

形态设计基本规律

教 学 目 标

📖 通过对部分形式美法则的回顾，使学生理解形态造型的基本规律。

📖 通过对审美心理的阐述，让学生了解形态审美的基本过程。

📖 重点掌握形态具备的力感、通感、求新、个性、联想等心理美学特征。通过对形态心理的学习，掌握不同形态给人带来的不同心理变化。

📖 掌握在形态设计时可以采用的各种视觉处理方式，给产品形态带来更多的变化。

📖 掌握形态设计创意的一些注意事项和原则。

什么最能体现产品设计的魅力？

产品设计是将人的某种目的或需要转换为一个具体的物理形式或工具的过程，把一种计划、规划设想、解决问题的方法，通过具体的载体，以美好的形式表达出来，而这个载体就是形态。

在人们眼里，最能引起大家注意的往往是事物的表象。作为工业设计的表象，形态是区别于其他设计的明显标志，所以形态设计成为产品设计的核心，是功能、材料、结构、工艺等因素综合而成的产物。形态是工业设计中最活跃的因子，是最能体现设计师创意能力和艺术修养的部分。正因为如此，形态设计成为最能体现产品设计魅力的主要因素之一。在此基础上，深入学习党的二十大报告中关于服务品质升级与设计创新的理念，我们可以进一步丰富和深化对产品设计魅力的理解。

实施服务品质升级计划，在生产性服务领域（如物流、商务咨询、检验检测）中追求质量标杆，也在生活性服务领域（如健康、养老、文化、旅游、体育）中致力于提升质量满意度。这一思想强调了全方位的品质提升，对产品设计而言，意味着要从用户需求出发，不仅要关注产品本身的功能与形态，还要注重产品在整个使用过程中的服务体验，包括售前咨询、售后服务等，以此形成完整的产品设计魅力。

形态是传递产品信息的第一要素，设计师通过形态设计把产品内在的质、结构、内涵等本质因素上升为具象的可传递的形象，并使人产生生理和视觉心理变化。对设计师而言，其创意思想最终将以实体形式呈现。视觉化的形象用草图、模型及产品实物形式表现，达到再现设计意图的目的。

工业设计师利用特有的造型语言进行产品形态设计，并借助产品的特定形态向外界传达自己的思想与理念。设计师只有准确地把握形态设计，才能和消费者进行有效沟通，得到消费者认同。

我们需要不断加强创新创意设计，积极推动新技术的研发和应用，以推动纺织品、快速消费品、家电家居用品等的升级换代和品牌化发展。针对家电、家具、可穿戴设备等产品，我们要积极推广人机工程设计，注重产品与人体的协调性和舒适性，以提升产品的用户体验和便利性。同时，我们也要加强人机工程基础研究与产品标准研制，确保产品的设计符合人机工程原理，满足用户的实际需求，提高产品的竞争力和市场占有率。

我们将坚定不移地为全面建设社会主义现代化国家、全面推进中华民族伟大复兴而努力奋斗，将设计创新与国家发展相结合，为实现中华民族伟大复兴贡献自己的力量。

产品形态的构成通常也符合自然界中一般形态形成的普遍规律。

产品形态的艺术特征是设计师对产品的材料、工艺、结构、功能等造型要素综合运用的体现，是科学、技术和美学的统一。

人的审美心理活动包括人的内在心理活动和外部行为，个体的审美心理活动是因人而异的，但对形态的认识又有很大的共性，如形态造型的基本规律、形态的心理美学特征与视觉美学特征等。

本章的目的在于探索人在形态审美认识中的共性，了解人是如何对形态进行认识的，并在理解人认识和接受形态的心理过程的基础上，更好地掌握人的心理因素，正确把握形态的表现力及其个性，使形态设计达到更高的层次。

3.1 形态造型基本规律

3.1.1 对比与统一

对比与统一是形式美最基本的法则，揭示出自然界、人类社会和人类思维等领域的任何事物都包含内在的矛盾性，事物的内部矛盾推动事物发展。形态造型就是要在统一中求变化，在变化中求统一，创造一个符合目的功能的美的形式。

矛盾是绝对的，调和是相对的。对比与统一法则是美学法则的一个重要方面。在工业造型设计中，任何设计对象都要保证其各个要素构成一个有机、有序的整体，包括功能要素、使用要素、舒适与安全要素、材料工艺要素，以及环境要素等。一切要素在统一的设计规划下，用对比与统一的规范和秩序进行协调配置，使设计产生整体效应。

对比与统一是并存的。在设计中，通常采用表现手法一致、线条与材质统一、色彩和谐来实现整体效果，或尽量增加形、色、质等共同因素，又保持一定的变化，来实现多样统一的目的。虽然产品形状、功能不同，但通过统一的色彩和图形变化可以形成系列，如图 3-1 所示的卫浴小套件；而产品简单完整的造型，因为色彩和材质的对比，充满时尚与活力，如图 3-2 所示。

图 3-1 卫浴小套件

图 3-2 色彩和材质的对比统一

3.1.2 平衡与不平衡

所谓平衡，主要是指心理上的重量感是否取得了平衡，是一种模糊的视觉效果。人类社会中的大多数事物都是对称平衡的形态，包括人体本身。因此，平衡的造型对人们来说，是熟悉的、稳定的，带有类似统一的效果，而不平衡正好相反，给人们的生活带来无限的色彩，使设计充满动感。然而，过分追求平衡会使形态缺乏生气，显得呆板，过分不平衡又会产生失衡的问题，破坏造型美的原则。平衡与不平衡在产品形态中的表现，如图3-3和图3-4所示。

图 3-3　既颠覆呆板造型又实用的雨伞与放置蚊香的摆件

图 3-4　打破平衡的动感十足的音响

3.1.3　节奏与韵律

　　节奏与韵律，即把造型要素不断沿空间按某种规律重复，形成视觉上的整体律动感，形成画面多样与统一的完美结合。不同的节奏与韵律的变化可以表现出不同的情绪变化。节奏与韵律的组成要素包括形态、大小、位置、方向、色彩等。节奏与韵律在产品形态中的表现，如图3-5和图3-6所示。

图 3-5　富有节奏感的灯饰

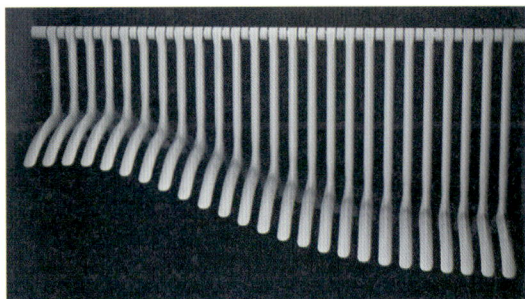

图 3-6　韵律感很强的衣架

3.1.4　比例与安定

　　完美的比例关系体现物体稳定的秩序感。同时，安定就是形态要素构成的对象在视觉整体效果上取得良好的配合。如图 3-7 所示，按键、屏幕与产品整体的比例关系会影响整个产品的视觉效果。

图 3-7　屏幕按键的良好比例

3.2　形态审美过程

　　人们认识形态并非只是通过眼睛，人体其他感觉器官都会帮助眼睛完成对产品形态的"全面观察"。很多形态会主动向人的感觉系统发出信息，来展现它的存在，但我们通过更深层次的感知才能发现形态以外的内容。眼睛只能看到表象，人接触到事物后产生的更多是心理活动。形以外的内容与事物外表具有密切的联系，它虽然是无形的东西，但会影响和左右人对事物的感觉。下面让我们来看一下形态审美过程的各个方面对形态设计的影响。

3.2.1 形态审美的心理过程

设计服务人类的生活，根据人类的发展需求而产生，是为解决人类自身的某一问题，一切都围绕"人"的存在而存在，其生存和发展的价值完全取决于人的情感因素。设计的变化涉及人类的多种情感，如喜、怒、哀、乐，以及五官的视、听、触、嗅、味等感官因素，还会涉及人的个体差异、心理与生理的差异，以及环境、地域、社会因素差异等。

在党的二十大报告指引下，设计的内涵与外延得到进一步丰富和拓展。实施服务品质升级计划，不仅在生产性服务领域追求质量标杆，在生活性服务领域也要提升质量满意度，这对设计提出了更高的要求，即设计不仅要满足基本的功能需求，还要在用户体验和服务品质上达到新的高度。

同时，加快工业设计、建筑设计、服务设计以及文化创意的协同发展，打造高端设计服务企业和品牌，这一战略方向为设计创新注入了新的活力。它要求设计不仅要关注产品本身的形态与功能，还要注重跨领域的融合与协作，通过设计创新推动产业升级，创造出更具有竞争力和吸引力的产品与服务。

在这样的背景下，设计更加注重以人为本，关注人的全面发展和社会进步。它不仅要满足人的物质需求，还要关注人的精神文化需求，促进人的全面发展和社会和谐进步。因此，设计的变化和发展不能局限于技术和形态的创新，还要更好地服务于人类的生活，提升人类的生活品质，促进社会的可持续发展。

人需要美的形态设计，设计师要从人的审美心理出发，探究形态设计反映的心理特征。让我们来了解一下消费者审美心理的全过程。消费者对产品的认可和欣赏一般是在一瞬间完成的，其中包含一些心理因素，如注意、感知、联想、想象、情感和理解，各种心理因素之间彼此联系和相互影响，每个心理因素都在其中发挥着积极作用。也就是说，产品满足人的审美需求，就会被人接受；设计被人欣赏，就是"好"的产品，就会有市场。

人们通过眼睛观察一个产品的形态，能够清楚地注意和感知产品的外形特征，甚至能够进一步感知它各组成部分的比例尺寸和表面材料特性及肌理变化。我们通过注意和感知，可以对外界形态有一个认识，能够判断形态是美的或不美的。这就是审美心理过程的前两个阶段。

但是，人们对事物的认识往往具有主观性。同一作品，有人赞美，有人不屑。例如，"设计鬼才"菲利普·斯塔克的经典作品，有人赞美，有人厌恶。他的作品很少能够激起人的中性反应，这也是让人们惊叹的缘由。他不断探索和超越，不遵守任何规则，设计的产品让人耳目一新。对于同一作品，人们会有不同的感触，是因为人们对某个作品的认识受审美心理活动的影响，这就是审美过程的后四个阶段——联想、想象、情感和理解。这四个阶段表现出人们在审美方面的差异，它主要受人们的教育文化水平、艺术修养与社会经历、兴趣爱好，甚至社会环境等因素的影响。由此可见，人们对形态的认识受审美心理活动的影响很大。例如，图3-8展示了三款吹风机，它们功能相同，但形态完全不同。不同形态的吹风机给我们带来不同的感受。前两款吹风机是较早的产品，体量的大小区别让消费者体验到不同的使用感受。第三款是较新型的吹风机，给我们的感受是小巧轻便，富有时代感。

图 3-8　不同形态的吹风机

3.2.2　能够吸引人的注意

注意是审美评价过程最重要的因素之一。注意就是心理活动对一定对象的指向和集中，指向性和集中性是注意的两个特点。注意的指向性就是一种选择性，需要受众把看到的事物主体从众多纷杂的事物中挑选出来；集中性就是要把全部的心理情感集中到所选的事物身上。注意的产生又分为客观与主观两个方面：客观方面就是指事物的特点能够吸引受众，如突出鲜明、变化丰富、新颖创新等；主观方面就是受众的心境和情趣变化。

形态设计要引起受众注意，只有引起受众注意，并且让受众保持相当一段时间的注意稳定性，才能让受众把感知、想象、联想、情感、理解等诸多心理要素集中于眼前的设计作品当中，才会慢慢欣赏并接受该设计作品。

形态如何才能得到受众的注意呢？

（1）增加形态要素间的对比强度，如材料、线条、色彩的对比等。

（2）增加形态的动感，创造出能够产生心理动感的形态。

（3）通过局部加工，增加形态的指向性，使受众忽略过多细节，注意特定对象。

（4）提高形态的创新意识，利用新的形态使受众产生"喜新厌旧"的心态。

3.2.3　让人感知

感知是审美心理的基础，它包含感觉（事物直接作用于人的感觉器官，在人脑产生对事物的个别属性反应）和知觉（在感觉基础上对事物的综合整体的把握）。感觉是知觉的基础，知觉是感觉的深入，两者交互在一起，共同发挥作用。审美感知看上去是瞬间完成的，实际上是受众的一种积极主动的心理活动，包含受众全部的生活经验、文化修养等。

受众面对产品形态时，必须直接感知产品，感知产品的色彩、形状、材质等直观要素。因此，设计师在设计产品时，要注意对产品形态要素的把握，也就是说设计要易于被人们感知。

（1）设计表现体量感，便于受众感知。

人们通过形态，可以感受到产品带来的心理量感，即体量感。相同体积的产品，虚实变化不同，给人的体量感是不同的。影响产品体量感的要素很多，包括形态、色彩、肌理、材料、结构、空间等。

（2）调和色彩与材质，在视觉上可以使产品产生美感。

为调和色彩和材质，各要素间的统一是必要的，如色相配合、调子配合、明度配合皆能实现调和。在材质方面，表面的粗糙或细腻、材质块的大小均会产生调和感。

3.2.4　给人联想空间

联想是指由一个事物想到相关的另一个事物。联想在审美心理过程中具有不可忽视的作用，它既是审美过程的一部分，又是形态设计的心理特征之一。设计师通过联想，可以使产品形态更加鲜明生动，使人们感知的事物更加丰富多彩。此外，联想也是以过去的生活经验来诠释现在的生活经验。

联想是知觉和想象的基础。很多艺术创作和设计都离不开知觉和想象，从这一意义上讲，形态设计也离不开联想。事实上，不少设计师正是利用联想这一创造性思维活动，创造出不少实用的形态。同时，设计师利用联想这一人们普遍的心理活动特征，创造了不少耐人寻味的、引起人们美好联想的形态。例如，通过仿生或模拟自然界事物形成的形态使人感到亲切与自然；通过形态、材料、质地和结构方面的设计与变化使人产生振奋、进取、发展、运动、古朴、现代、优雅、富丽等感觉；而对形态的比例、尺度、体量、空间等的规划与确定，使人产生庄重、活泼、厚重、轻巧、崇高、秀丽等联想。

人们对未来的憧憬其实很多都是基于记忆，通过对记忆的提炼、删减和组织积累了大量联想的素材。一首歌、一幅画、一次初恋的体验、一段旅行中的风景……它们会在此后的岁月里随机浮现。为什么你喜欢这款产品？因为你和恋人曾经一起看到过类似形态，你们希望有一天也能拥有。为什么你那么执着地喜欢绿色？因为你被大自然的绿色陶醉过，每当看到绿色就会想到自然界的美轮美奂和愉快的旅行时光……它们一旦进入记忆长河，就会在未来的某一时刻对人的抉择产生潜移默化的影响。

总之，通过联想，设计师可以获得更为宽广的设计天地，创造出极其丰富的立体形态。同时，借助这些立体形态，设计师又可以把人们的思维带进联想的空间。

3.2.5　让想象引起共鸣

消费者对产品的接受不是被动的、消极的，而是运用想象和其他心理功能对产品进行积极的再创造。设计师更不能离开想象，设计师要通过想象创造出引导消费潮流的产品，让消费者看到设计作品可以主动进行想象，想象到拥有产品后的生活情景，以此打动消费者，增强其购买欲。

具有创新性的产品形态，除能够给人新颖和独特的感觉外，往往还能够体现出设计师巧妙的想象力和强烈的创新精神。因此，具有创新性的产品形态总是包含着特殊的美感，能够振奋、激励人的精神和意志，唤起人的求知欲望，带动消费者想象，与之产生共鸣。

想象并非凭空而来，所有能够带来想象的形态都基于现实生活，在生活中都能找到原型。生活中的形态经过设计师的提炼加工，具有更强的艺术性。想象是受众在过去感知的基础上，对看到的形态表象进行加工、改造，从而在心中创造出新的形象。

3.2.6　给人留下美好的情感记忆

产品的情感是指产品能够引起消费者积极的或消极的情绪状态，从而作为稳定的情感固定下来。情感在审美过程中具有非常重要的作用。好的产品可以激发消费者美好的情感，间接向消费者暗示积极、肯定和向上的情感，常常会使消费者敞开心扉，消费者在这种状态下对信息的接收和记忆都比较容易。

消费者在美好的情感中记忆、在精神愉悦中需求得到满足，从而实现真正意义上的物质消费与精神需求的互动。设计师通过采取多样化的情感表达形式和手段，对不同层次的消费者进行引导，以满足消费者的某些情感需求，使其对产品产生美好的回忆。审美过程和评价过程往往是多种心理因素的统一体，这些因素不是机械罗列的，而是以情感作为中介，形成有机的整体。因此，能给消费者带来美好情感记忆的产品往往是美的产品。

3.2.7　易被人理解和接受

理解是逐步认识事物之间的联系、关系，直至认识其本质、规律的一种思维活动。理解包括直接理解和间接理解。在产品评价中，所谓直接理解，就是没有经过中介，消费者通过亲身经验实现的理解；间接理解是借用前人的经验和自己以往的经验，通过分析综合、抽象概括等中介思维来实现理解。不论哪种理解方式，都是审美过程中不可缺少的要素。

易用性是产品设计中重要的设计因素之一，设计出用户看得懂、知道怎样使用的产品是十分重要的。使用的便利性不是偶然的，设计师为让人们从未使用过的新产品使用起来不费力，需要精心设计。产品易用可以减少失误可能造成的损失，并且大大提高产品的使用效率。设计师要为用户设身处地地考虑，突出产品的可用性，这样产品就容易被理解和接受，从而提升用户对产品的评价。

3.3　形态设计心理特征

设计师怎样才能创造出令人爱不释手的产品呢？设计师如何表现精神美，引起消费者的共鸣？设计师除掌握必备的设计技巧外，掌握人的心理特征也是非常关键的。设计师需要深刻体会形态具有的心理特征，在设计时可以明确不同形态能表现什么，能产生何种效果，以及通过什么样的技巧来实现。

在党的二十大报告指引下，设计师的创造力和创新力可以得到进一步的激发和提升。实施服务品质升级计划，不仅要在生产性服务领域追求质量标杆，也要在生活性服务领域提升质量满意度，这对设计师提出了更高的要求，即设计不仅要满足用户对产品的基本功能需求，还要在用户体验和服务品质上达到新的高度，从而创造出更令人爱不释手的产品。

3.3.1 力感

力是一种看不见的东西，人们对它的感知只能是凭借某种形态的势态。由于看不见，力总是给人一种神秘感，从而能够吸引人。

当消费者将注意力集中到形态的变化部分，并意识到这种变化是来自形态内部或外部的力量时，就使形态产生了"力感"。

自然界的事物都受到不同的内力或外力影响而变化，如地壳内部的力带来的山体变化、被岁月蚕食的残垣断壁，还有不断生长变化的生命，这些都是体现力的现象。自古至今，人们对力具有一种天生的崇拜，具有力感的形态总是对人有巨大的吸引力，让人感到震撼。

故宫太和殿、埃及金字塔都可谓古代人深刻领会力感内涵后的杰作，如图3-9和图3-10所示。太和殿坐落在紫禁城对角线的中心，整个建筑造型宏伟壮丽，庭院明朗开阔，体现出庄严的力量，象征封建政权至高无上；金字塔高高矗立在茫茫沙漠之中，形态简洁有力，底部基座宽广、稳定，四面体的斜边在蓝天下汇成一点，把人们的视线引向高空，同样象征着权力的至高无上和统治的不可动摇。

图 3-9　故宫太和殿

图 3-10　埃及金字塔

千百年来，人们评论中国书法，总是离不开一个"力"字，书法可以说是一种力的表现艺术。"苍劲有力""骨法用笔"，都是对书法力感的赞誉之词。书法的力感一是表现为点画自身的重力感、结实程度等，二是表现为结构之间的联结之力，主要指点画形状及相对位置带来的力感。力感是书法艺术的生命，是书法艺术的本质特点之一。富有力感的作品之所以具有美感，正是由于它能使欣赏者在静止的字形中领略到来自作者内心生命的运动。一幅好的书法作品往往给人们带来一泻千里的气势。

在产品形态设计方面，对于力感的表现往往体现在线形的速度感、方向感，形体的体量感，材料的质量感等方面。

在一个单纯的形态上施加一定的力使其变形，这个形态就有了生命力。造型的变化越简洁，越能够产生明快的力的动感。相反，如果施加多方向的力，那么内部的力与外部的力就会产生冲突，而使形态变得过于复杂。而当一个形态过于复杂时，人们就难以把握其体量感。原因在于，人们要把基本形态与变形后的形态做直观的比较，并在两者之间判断出位置或形态的差异，想象是什么力量改变了正常的位置或形态。而太多复杂的外力干扰，会影响人们的判断。所以，当看到没气的气球时，人们就会想到它饱满充盈时的状态，接着会联想或想象是什么外力使它变成现在的状态，如图 3-11 所示。

图 3-11　气球体现的力感变化

从图 3-11 我们可以看到，当均匀饱满的圆形受到单一外力的时候，能够感觉到力的方向，而施加的力过多时就会变得复杂，没有头绪。

人们对事物产生的联想与想象具有一定规律性和普遍性，从不同形态的变化中可以感受到不同的力感。例如，饱满的形态给人向外扩张的力感，如图 3-12 所示；垂直的形体给人向上的动感，如图 3-13 所示；前倾的形体给人向前的动感，如图 3-14 所示；弯曲的形态给人弹性感，如图 3-15 所示。

图 3-12　饱满的形态

图 3-13　垂直的形体

图 3-14　前倾的形体

图 3-15　弯曲的形态

3.3.2　通感

人是通过感觉来认识外部世界的。人对外界的感觉必须通过视觉、听觉、嗅觉、触觉等直接感知，但日常生活中的各种感觉往往是相通的。例如，听觉可以用来表现视觉，视觉也可以用来表现听觉。这种交错相通的心理体验可以称为通感。"大珠小珠落玉盘""三月不知肉味"都是感觉互换带给我们的美妙词句，使描绘的情景更加引人入胜，耐人寻味。

不论平面美术作品，还是立体雕塑作品，都是一首凝固的音乐。他们通过线条、色彩或形体的变化达到深浅、起伏、转折的效果，这些变化必须符合层次丰富、韵律变化优美的美学规律。而这一点和在音乐创作上追求音色的韵律美是相通的。

艺术是相通的，因此设计师必须广泛吸收各种艺术营养，不断提高自己的艺术修养，以此来拓宽自己的设计视野，提高形态设计的文化和艺术内涵。

3.3.3　求新与创新

求新、创新是人的本质，人类社会就是从人们不断求新和创新的过程中发展起来的。

求新是人的天性。人在一生中，总是在不断地摒弃旧事物，拥抱新事物。因此，一个新颖的产品形态出现时，必定会受到人们的关注。

求新的心理是伴随着人的成长过程而发展的，幼儿搭积木就是一个很好的佐证。一个刚完成的建筑，或许花了一两小时的辛苦劳动，顷刻之间就会被不满的小手推倒。推倒、重搭，实际上就是求新与创新在幼儿心灵中的反映。

"衣不如新，人不如故"，新的衣服、新的物品在使用过一段时间后就会让人感到不那么新鲜了。人类社会发展到一定阶段，物质生活水平达到一定高度，就开始了"物的新旧交替"，人们用新事物来代替旧事物。其实，即使在经济条件不许可的情况下，人们也会保持求新欲望。

因此，求新是社会上普遍存在的心理现象。

求新可以被看作创新的基础。人们只有具备求新的欲望，才会具有创新的动力。俗话说"不破不立"，只有在不断否定旧事物的基础上，才有创新的可能性。

在立体形态设计过程中，设计师要使设计出的形态符合人们的求新心理，可以从以下几个方面入手。

（1）充分了解消费者的兴趣爱好、生活习惯，以及不同消费者的生活环境与性格特点。

（2）关注政策导向、法律法规和社会观念的变化，掌握时尚发展脉络，了解并关注引起这些变化的因素。

（3）在不同思路、不同风格的形态设计上下功夫，关注新材料、新功能、新结构、新工艺给形态设计带来的变化，考虑运用新能源是否会给形态设计带来变化。

3.3.4　形态展现个性

个性是区别于他人的，在不同环境中显现出来的，相对稳定的，影响人的外显性和内隐性行为模式的心理特征的总和。只有富有个性的形象才能突出，才能引起人们的注意。所谓"鹤立鸡群"，就是对个性的形象描述。

个性心理特征就是个体在心理活动中经常表现出来的稳定特征，主要指人的能力、气质和性格，其决定了消费者消费行为的个性化选择。

追求个性是人们的审美心理过程的一个重要特点，是表现美的更高层次。图3-16 ~ 图3-20为一些充满个性的产品案例。例如，在购买手表时，消费者往往把产品与自己的身份地位和审美追求联系起来。一些年轻人为充分表现出与一般人在文化水平、艺术气质、生活修养等方面的不同，常常在穿着打扮或选购物品时刻意选择某种形状或色彩，以形成自身的个性特征。

图3-16　趣味台灯

图3-17　个性咖啡杯

图 3-18　个性饰品

图 3-19　个性订书机

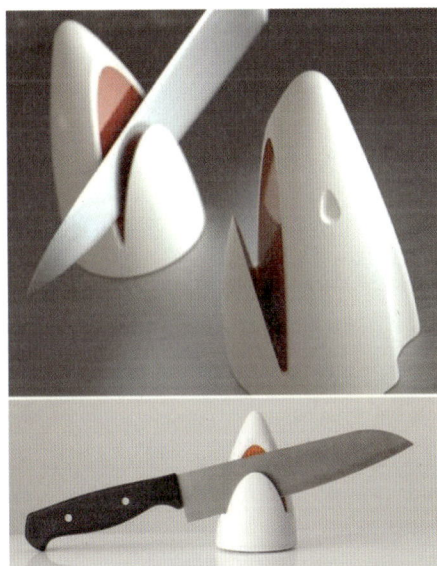

图 3-20　个性置物架

艺术家和设计师在创作时也会赋予作品一定的个性特征，这种追求个性特征的现象是普遍存在的。艺术家和设计师往往毕生追求自己的艺术风格，以体现自己的个性。

当功能主义在德国风靡之时，设计师卢吉·科拉尼身体力行，把尊重自然生命的仿生学运用到设计中，其作品自由的造型充满了趣味性，如图 3-21 所示。而建筑大师柯布西耶不论在"二战"前还是在"二战"后，不论追求平整光洁还是追求粗糙的原始趣味，他的作品在建筑界始终都处于领先地位，其建筑风格影响世界，如图 3-22 所示。

跟随世界的现代化进程，世界各地的交流日益便捷与密切，世界各地的人们在生活、文化、习俗等方面的差异日益缩小，但追求艺术个性的心理不会改变。因此，现代设计仍然强调个性化。然而，个性化的设计不是一朝一夕能实现的，只有在继承和发展传统文化的基础上，以创新求异的精神为先导，不断开拓思路，大胆进行实践，在长期的艰苦训练和积累的基础上才能实现。

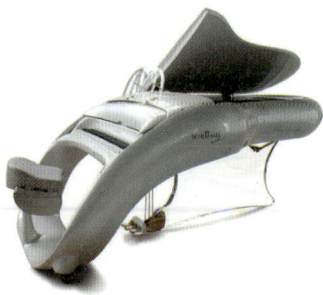

图 3-21　卢吉·科拉尼仿生作品

图 3-22　柯布西耶建筑作品

3.4　形态设计的视觉美学特征

创造新的形态不是形态设计的最终目的，关键是要创造美的形态，让消费者能够接受的形态。设计师要创造美的立体形态，必定要借鉴形式美的原则，熟悉和掌握形态的基本内容和构成规律，根据特定的要求去创造美的形态。

形式美的原则就是人们在社会实践中长期积累的美的经验，适用于各类艺术创造。因此，熟悉和掌握形式美的原则是创造立体形态美的必要基础。图 3-23 为具有视觉美学特征的产品。

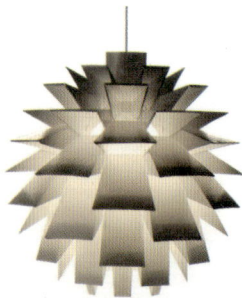

图 3-23　具有视觉美学特征的产品

各类艺术作品都有自身的创作规律和美学特征，产品的形态视觉美学特征在基于美学原理的基础上，具有自身的特点。

3.4.1　形态的整体感

消费者看到产品时，首先的心理活动是注意和感知，在此过程中有著名的"整体意象优先性"原则。整体意象优先性原则是指人们在观察到一个物体时，在感知过程中对其做出快速扫描后获得形状及样式的整体印象，然后才是对细部的观察。前期的认知过程通常具有整体意象优先性。整体意象优先性原则包含以下三个含义。

（1）视觉前期感知的形态是整体的，而不是视觉形态中的细部内容。

（2）发生在视觉感知形态的最早阶段。

（3）比后续的注意力专注阶段具有优先性。

我们可以用图 3-24 来测试这一原则。在图 3-24 中，人们首先看到的可能是一个老年人的正面脸部特写，也可能是海中的美人鱼，但由于整体意象优先的原因，人们无法同时感受到这两个图像。人们在感受到一个图像后，才会继续了解图像的细部内容。

图 3-24　老年人脸与美人鱼的结合表现

我们了解了整体意象优先性原则，就能认识到整体性在产品形态设计中的重要性。但是，与此同时，我们也不能忽视细节，因为细节是整体形成的必要条件，没有细节就谈不上整体，而最吸引人的产品往往具有丰富的细节形态。因此，具有整体性的产品往往有以下特点。

（1）整体产品形态特征明确、简洁、个性化强，能够给人较为深刻的视觉印象。

（2）产品形态细节丰富，但每个部分的形态变化均有一定的内在联系，在视觉上统一。

（3）产品给人的第一感觉是产品的整体特征，而不是某个细节。

图 3-25 ~图 3-27 展示了三个具有鲜明整体特征的产品案例。

图 3-25　流畅的线条形成整体感

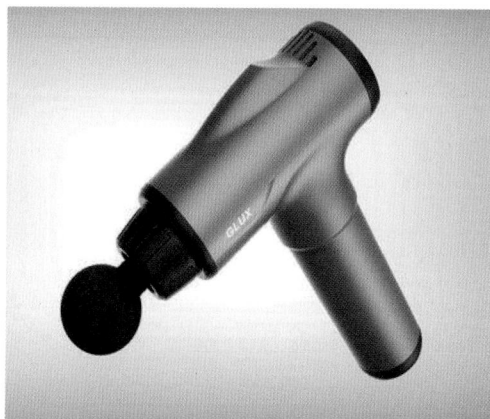

图 3-26　不带多余装饰的筋膜枪

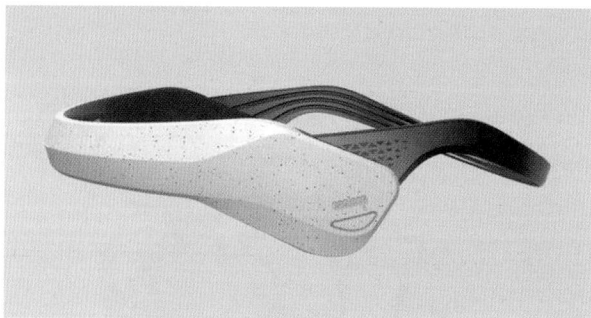

图 3-27　形态的完美结合

3.4.2　简洁的形态会引起人的注意

简洁的形态是指形态设计语言清晰明了、造型简单，不哗众取宠。简洁而独特的形态，能够给人一种强烈的现代感、视觉冲击感和舒适感，引起人的注意。这种手法不依赖技术，主要靠形态的视觉冲击来表现。

1. 简洁的产品形态具有吸引力

人们在感知产品形态时，对具有简洁形态的产品总会产生很强的注意力，简洁的形态更容易使人记忆。为什么卡通图形更容易获得人们的喜爱呢？就是因为它们对原型进行了简化，去掉了繁杂的细节，所以更容易被大众接受，如图3-28所示。产品设计也是如此，简洁的形态更能引起人的注意，如图3-29所示。

图3-28 卡通猫与真实猫

图3-29 简洁的形态和复杂的形态对比

2. 简洁的形态具有时代特征

产品形态随着时间的变化在不断简化，简洁的形态和结构、清晰流畅的线条不仅反映现代设计的理性思维，还体现了人们当下趋于感性的思维方式，同时折射出产品蕴含的现代化、高科技时代特征。

随着社会的进步、科学技术的发展，产品的结构、功能变得更为简洁，生产工艺更为精密，而新材料的不断涌现为简洁的形态创造了条件。同时，在消费者层面，消费者的生活方式、生存环境、工作状态等都在发生变化，使消费者对产品形态的诉求逐步趋向简洁。人们更愿意在激烈竞争的生存环境中使用简洁的产品，使心情得到放松。图3-30 ~ 图3-31是具有现代简洁特征的产品形态案例。

图3-30 简洁时尚的苹果计算机

图3-31 具有东方韵味的简洁形态

3.4.3 细节决定成败

俗话说，"细节决定成败"，"天下大事，必作于细"。信息技术产品同样需要精益求精，以得到消费者的认同和喜爱。在产品同质化日益严重的今天，每家企业在产品、技术、成本、设备、工艺等方面的差异越来越小，为在竞争中取得优势，企业越来越注重细节上的竞争。产品要想获得成功，生产企业就必须做好各方面的细节工作，特别是在新产品开发与设计中，更要关注细节、重视细节。好的细节设计会为产品带来意想不到的成功。

1. 简中有细

简洁的形态要有细节，否则人们看到的产品只是轮廓，就像效果图呈现的效果远优于思考类的草图。如果想让产品显得更加生动，就要进行细节描绘。

过于简单的形态和过于复杂的形态对人产生的吸引力都比较小，难以让人产生愉快的感觉；能吸引消费者并让消费者产生愉快感觉的形态往往是复杂度处于中等水平的形态，如图 3-32 和图 3-33 所示。

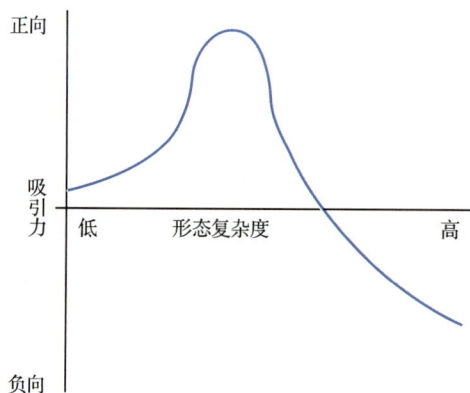

图 3-32　形态复杂度与吸引力的关系

图 3-33　适度的简洁形态具有吸引力

2. 注重整体，也不能忽视细节

细节是组成整体的必要条件，没有细节就谈不上整体，吸引人的产品往往具有细节丰富的形态。只有细节丰富，每个部分的形态变化均有一定的内在联系，产品形态才能形成视觉上的统一整体。

产品的细节设计不仅需要考虑技术和工艺的完美结合，还要符合人机工程设计原理，使产品更人性化，更具有实用性。失败的产品细节设计不仅浪费企业的资源，还可能影响企业未来的市场竞争能力。企业要使自己的产品更具有生命力和竞争力，就要充分考虑可能影响消费者选择的各种细节问题。

如图 3-34 所示，左图缺少控制部位的细节，右图添加细节后，使产品形态具有了饱满的美感。

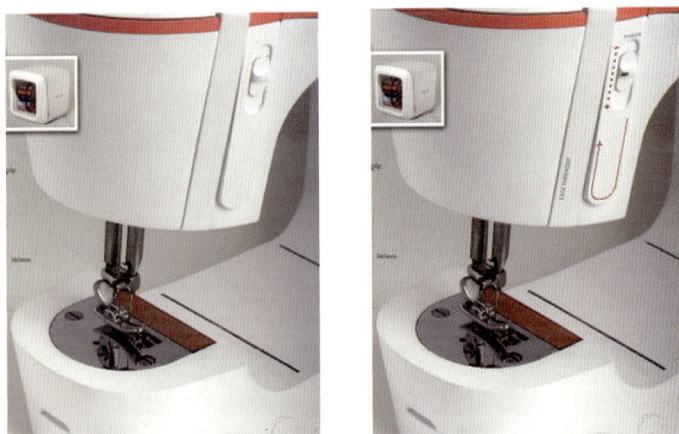

图 3-34　无细节的产品形态与有细节的产品形态的区别

3. 不同形态带来的体量感

产品要素不同会带来不同的体量感，如体积大小、色彩变化、结构材料等。反之，产品的体量感也决定了产品要素的科学性与合理性。例如，我们常用的鼠标，如果在体量上超出了手的使用范围，太大或太小，除影响使用功能外，在视觉上也是滑稽可笑的。这是因为在长期的使用过程中，人们对鼠标已经形成了具有相对范围的体量概念。由此可见，在产品形态设计中，形态的体量感也是设计师需要研究的重点。

形态的体量感包括两个方面：一是体积感，二是重量感。

（1）体积感。

决定体积感的要素往往是形态的体积大小、色彩和材料质感、形态占据的空间大小等。产品体积越大，占据的空间越大，体积感越强；反之，体积感越小。在色彩上，深色物体往往比浅色物体的视觉体积小，因此很多胖人喜欢穿深色服装。

（2）重量感。

形成形态重量感的因素有两个：一是物理特性带来的重量感，二是心理变化产生的重量感。

① 物理特性带来的重量感通常来自形体自身大小、材料质量等因素。例如，相同材料的形态，体积大的比体积小的重，而相同的形态，金属材料的比塑料材料的重。图 3-35 为一款具有体量感的音箱。

图 3-35　具有体量感的音箱

② 心理变化产生的重量感是指人们在感知某一形态后心理产生的重量感。例如，方体与球体放在一起，即使体积一样，球体也比方体看起来重；中空的形态一定比实心形体让人感觉轻。由线、面材料组成的形态比块材组成的形态看起来轻盈，有弹性；由曲面构成的形体比由平面构成的形体让人感觉重。引起心理量感的要素有形态、色彩、肌理、材料、结构、空间等。色彩带来的体量感，如图 3-36 所示，在图中我们可以明显感觉到深色产品比浅色产品重，黑色产品体积似乎更小。

图 3-36　色彩带来的体量感

3.4.4 形态变化带来的动感

视觉会使人体验到一个艺术品或产品中的不动之动，这就是动感，也就是康定斯基曾经说的"一种具有倾向性的张力"。消费者在静止不动的形态中感受到了运动或具有倾向性的张力，体验到这种动感具有的内在情感。

带有动感的艺术品往往有很强的吸引力。对动感的塑造，在产品形态设计中具有不可忽视的作用。设计师往往通过对产品外观形态的动感塑造，将设计情感更加准确地传达给消费者。

线、面、体的扭曲转折变化是创造动感的基本要素。立体空间的节律变化，线形的方向感、流畅感，机构的运动装置，结构的连接、组合方式等都能为形态带来动感。在形态设计中，设计师往往利用一些具有动态的设计要素来加强形态的动感，如图 3-37 ~图 3-39 所示。

图 3-37　动感十足的流线型飞机

图 3-38　线条具有明显方向感的汽车

图 3-39　符合空气动力学原理的无人机

3.4.5 形态设计的秩序

秩序是产生美感的基础，符合客观审美的规律。经过对形态构成基本规律的学习，大家知道，符合规律的形态往往具有美感，正是因为它们具有规律性。"规律"具有美感，因为规律本身就是一种秩序。

当然，强调秩序并不是指千篇一律或一成不变。秩序是在各种变化的因素中寻找一种规律性和统一性，如在变化中寻找统一、在矛盾中寻找和谐。在形态设计中，强调秩序是追求一种有规律、有秩序的整体美。

在形态设计中，大部分形态是由各种简单的几何形态构成的。这些几何形态都具有各自的特征，必须按照一定的秩序和规律进行组合，否则就会显得杂乱无章或缺乏整体特征。根据规律进行设计，在形态设计过程中就能获得将美进行抽象的经验与体会，这对产品形态设计具有十分重要的作用。

总之，在产品形态设计中，遵循造型基本规律，就会给整体形态带来秩序井然的感觉，如图 3-40 所示。

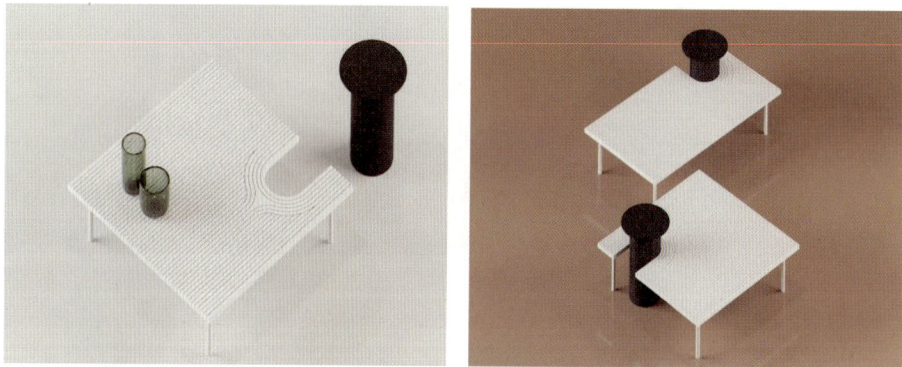

图 3-40　有秩序感的家居用品

3.4.6　形态的稳定感

形态的稳定感是形态构成的基本要素之一，缺乏稳定感的立体往往会造成人们心理上的紧张感，影响形态的美感。然而，设计师往往利用这种视觉上的不稳定感，创造出出人意料的形态。

形态视觉上的稳定与物体的重心有关。通常来说，物体的重心超过物体高度的三分之一就显得不稳定。物体的重心越高，越不稳定；反之，重心越低，则越稳定。形态要获得视觉上的稳定，一般采用扩大形态底部的方法，以取得降低物体重心的效果。

有时候，物体的结构也会对物体的稳定产生影响。如图 3-41 所示，图中的台灯重心高，显得极不稳定，但在底座上增加重量就能将台灯牢固地放在桌面上，还有一些台灯通过固定结构固定在桌面或墙壁上。在产品设计中，很多产品正是通过一定的结构形式来获得稳定性的。

图 3-41　利用视觉上的不稳定带来形态变化的台灯

　　缺乏稳定感的物体会影响形态的美感，但过分强调稳定也会导致形态显得笨重与呆板。设计师在进行形态设计时，一定要把握好形态稳定与不稳定的关系。在保持形态物理稳定性的同时，不失时机地创造出形态的不稳定因素，使形态显得轻巧生动；反过来，在追求形态的变化和灵巧时，又要考虑形态的稳定与平衡。

　　另外，材料、结构和工艺等造型要素对产品形态设计的稳定性也会产生影响。在产品形态设计中，要借助"对称与平衡""安定与轻巧"等美学设计原理处理好"稳定"与"轻巧"的关系，使产品形态在视觉上获得新的平衡，如图 3-42 ～ 图 3-45 所示。

图 3-42　平衡、稳定的洗衣机

图 3-43　稳定、轻巧的案几

图 3-44　"头重脚轻"的容器

图 3-45　随时会"滚动"的容器

3.4.7 独创性是形态设计永恒的主题

追求艺术设计的独创性是人们求新、求异的本质反映。在市场上，人们总是特别青睐那些具有独创性的产品。

独创性原则实际上是突出个性化特征的原则。鲜明的个性是艺术设计的灵魂。单一化与概念化的产品形态难以引起消费者注意，不会有多少可感知度，更谈不上出奇制胜。因此，设计师要善于思考，别出心裁，敢于独树一帜，多一点个性而少一些共性，多一点独创性而少一点一般性，只有这样才能赢得消费者的青睐。

具有独创性的产品形态，除给人新颖和独特的感觉外，更重要的是能够体现出设计师的创作个性，设计师巧妙的构思和强烈的创新精神在产品形态上得到淋漓尽致的体现。因此，具有独创性的产品形态总是包含着一种特殊的美感，设计师通过这种美感形式激励人的精神和意志，唤起人们对美好生活的追求。

强调形态设计的独创性，并非单纯求异、求怪，形态创新必须科学、合理，还要进行大胆探索和实践。设计师在设计构思时必须尽力摆脱传统思维模式的羁绊，通过学习逐步形成强烈的创新意识。

产品形态的独创性有以下两种表现方式。

1. 通过形态的新颖感体现创新

这种方式主要体现在形态的外形特征变化明显上，在一定时期内与同类产品相比个性强烈。例如，早期的倾斜式滚筒洗衣机造型就给人一种创新科技的气息，如图 3-46 所示。

图 3-46　造型新颖的倾斜式滚筒洗衣机

2. 新结构、新材料体现形态的独创个性

这种方式主要包括新的组合方式、连接形式的利用，新材料的利用，以及巧妙的结构形式和新能源的利用。

图 3-47 为新材料带来的产品创新。

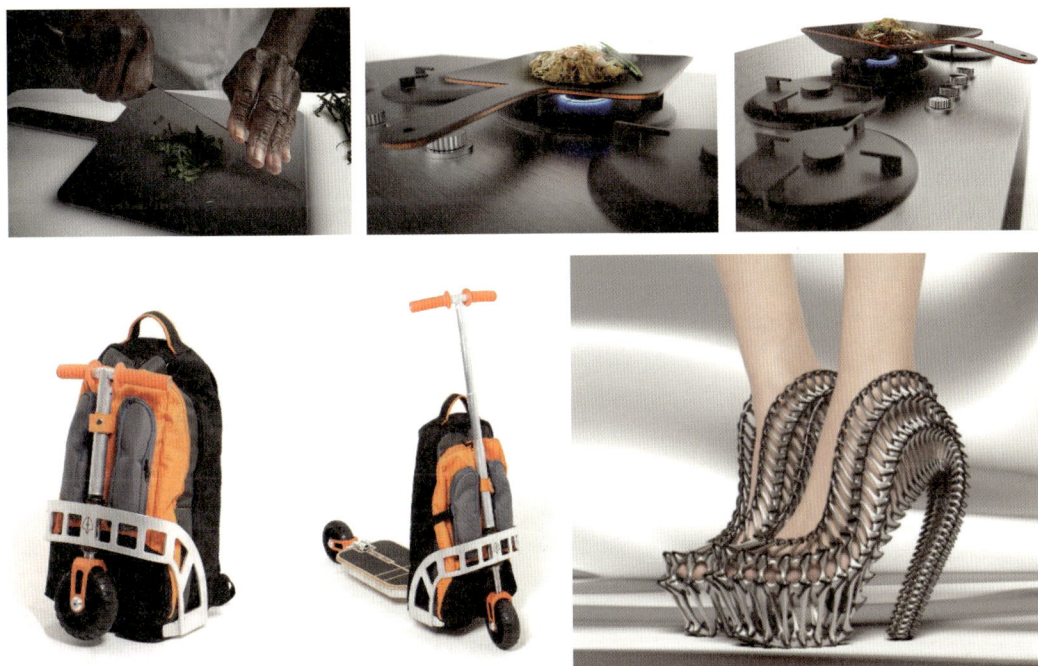

图 3-47　新材料带来的产品创新

3.5　创新形态设计需要注意的问题

当下是"创新时代"，创新是工业设计的核心。创新是目的，也是手段。党的二十大报告要求，提升工业设计、知识产权等科技服务水平，推动产业链与创新链深度融合。工业设计注重创意的过程，并以创意为引导取得设计成果。创意使产品具有明确的功能属性，体现出设计者倡导的精神内涵，体现了设计的意义。

创意是一个艰难的过程，并且举足轻重。在整个设计过程中，一切工作都需要明确的创意定位来引导。因此，掌握创意方法和创意的注意事项对设计具有重要的作用。

3.5.1　形态设计要加强创新意识

所谓创新意识，是人们对创新及其价值性、重要性的认识水平，以及由此形成的对待创新的态度，并以这种态度来规范和调整自己活动方向的一种稳定的精神态势。

创新意识代表一定社会主体明确的奋斗目标和价值指向。设计师在思想上要有强烈的创造欲望，对一切新事物具有敏感性，对新事物的追求从不满足。人的创造力是无穷的，思想的空间也是无限的，设计师只要打开创意思想，就会产生奇迹般的创造结果。设计师不能满足于把事情做好，而是要把事情做得不同凡响。事物总是在发展变化的，设计师不能迷信过去的东西，要勇于创新。

3.5.2　打破思维定式

思维定式就是人们积累的思维活动经验教训和已有的思维规律，在反复使用中形成的比较稳定的、定型化的思维模式。思维定式容易让人们养成呆板、机械、千篇一律的思考习惯，往往会使人们步入误区，墨守成规，难以涌现新思维。所以，在产品形态设计中，要获得好的创意或具有吸引力的产品形态，首先必须冲破思维定式的束缚。一味地墨守成规或照抄照搬别人的东西，都不可能获得好的创意。

要打破思维定式，除在思想上要树立敢于突破习惯思维模式的创造意识外，还要借鉴一些创新思维方法来获得设计新的切入点，尝试创新，从不同角度思考问题，培养多元思维和逆向思维。图 3-48 和图 3-49 展示了突破思维定式的创新产品设计。

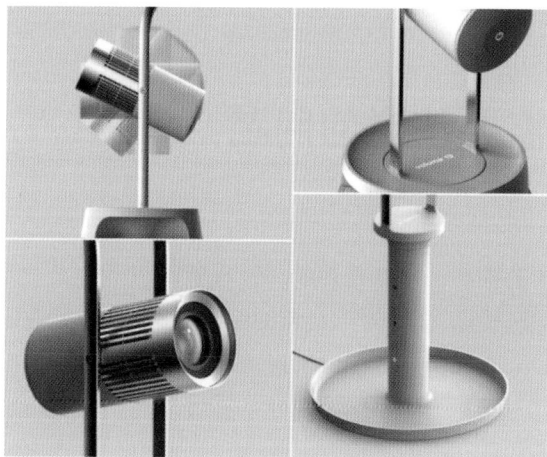

图 3-48　突破方盒形状的投影仪　　　　　　图 3-49　风格独特的手表设计

3.5.3　提倡多元化思维

在产品形态创意过程中，光靠严密的逻辑推理或理智的分析很难获得具有感染力和出人意料的形态结果。同样，一味地依靠艺术冲动也不可能得到科学合理的产品形态。

当下是一个创新的时代，而多元化思维是创新的基础。新时代的设计师应该培养多元化思维。

那么，如何培养多元化思维呢？

首先，改变自己的生活习惯，打破固定的生活模式，让生活不再单调。其次，学会观察，学会随时随地观察并受到启发，从而提出创造性的思路。这是培养多元化思维的一个重要方式。最后，开阔视野，掌握更多知识，为多元化思维积累素材。

产品形态创新是一个十分复杂的过程，其多元化思维除包括逻辑思维与形象思维外，还包括想象、联想、直觉、灵感等非常规思维现象。

1. 想象

人能够创造出现实中不存在的形象，艺术创造就是人类发挥丰富的想象力而产生的结果。想象是在头脑中改造记忆中的表象而创造新形象的过程。客观现实是想象的源泉和内容，也是人们把过去的经验中已经形成的暂时的联系进行新的结合的过程。

想象可以分为以下几种类型。

（1）无意想象：没有特殊目的、不自觉的想象。

（2）有意想象：带有一定目的性和自觉性的想象。在有意想象时，人给自己提出想象的目的，按一定的目的进行想象活动。

（3）再造想象：根据语言的描绘，在头脑中形成事物形象的想象。

（4）创造想象：不依据现成的描述而独立创造出新形象的想象。

2. 联想

联想是人们依据过去的生活经验，从看到的事物中得到启发，找到其中类似性的思维形式。

联想又可以分为以下几种类型。

（1）接近联想：因时间、空间上接近而将事物联系起来。

如图 3-50 所示，看到藻井会联想到敦煌壁画。

（2）类似联想：将具有类似特征的现象联系起来。

仿生形态就是类似联想的结果，如图 3-51 所示。还有色彩联想，如见到绿色就联想到草、见到橙色就联想到阳光，如图 3-52 所示。

图 3-50　看到藻井会联想到敦煌壁画

图 3-51　青蛙形开瓶器

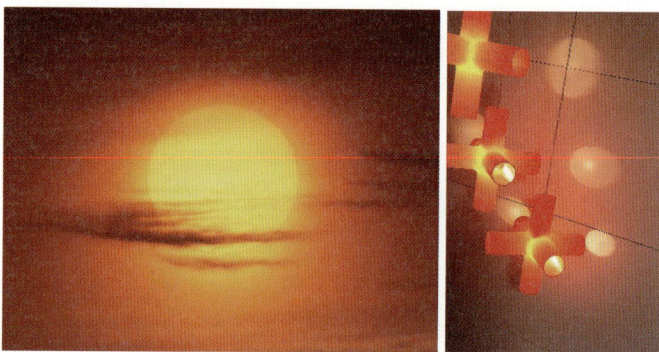

图 3-52　色彩产生的类似联想

（3）对比联想：将两种对立的事物联系在一起。例如，光明与黑暗、冷与热、红色与绿色。

（4）意义联想：见到某种事物，就想到该事物的意义与其他事物的关联，将具有因果关系的事物联系起来。例如，由冰联想到冷、由火联想到热。

3. 直觉

直觉是一种无意识的思维，像思维的"感觉"，人类用直觉能够认识事物的本质和规律性。直觉可以说是思维的洞察力，是一种对事物高度敏锐的判断力。高度的直觉能力源于个人的学识和经验，以及环境的影响。对形态设计来说，直觉有时会给设计师指明形态创造的方向。

直觉有以下两种不同的表现形式。

（1）判断性直觉：当有问题出现的时候，能够迅速地做出正确判断。

（2）预见性直觉：这是一种对未来的判断力，判断形态未来会朝哪个方面发展。这种判断是建立在对设计进行深入研究和对当前科学技术发展的把握之上的。

4. 灵感

灵感是在创造性活动中普遍存在的现象，是勤奋思考的结果。灵感是人调动自己的全部智力，使精神处在极度紧张的状态甚至如痴如醉的疯狂状态的产物，是创造者长期辛勤劳动的成果。一般来说，人在长期专心致志的思维活动中，一定会迸发出灵感。

灵感具有以下两个特点。

（1）突发性。灵感总是突然发生的，没有预感或预兆。

（2）与潜意识密切相关。灵感突发之前有一个酝酿过程，往往要用艰苦的脑力劳动来孕育。有的学者提出，灵感的孕育不在意识的范围内，而在意识之前可以称为潜意识的阶段。灵感在出现之前，先在潜意识范围内酝酿，一旦成熟，就立即以灵感的形式涌现出来。潜意识不仅能进行信息的存储与提取，还能在意识之外进行信息处理和加工，似乎存在一个独立的系统。这就是"多一个自我"学说。总之，灵感思维比形象思维更复杂，是一种三维的"体型"思维。

3.6 产品形态设计的几项原则

当今的市场纷繁复杂，产品种类繁多，让消费者应接不暇。很多品牌产品在市场竞争中脱颖而出，原因就是掌握了形态设计的变化规律，并通过理性的形态创造方法给人留下深刻的印象。因此，设计师需要了解形态生成的可能性，熟悉各种可变因素，把握形态设计原则，只有这样才能使产品立于不败之地。

3.6.1 产品形态特征的延续

消费者在选择产品时往往会对产品的某些特征印象深刻，并在以后的时间里对该特征具有长久记忆。因此，设计师在产品形态创新的基础上保留一些先期产品原有的视觉特征，可以更好地让消费者保持对产品的信赖，进一步促使其产生购买欲望。

在产品形态设计中，如何正确传递先期产品中对消费者具有影响力的因素，是形态设计的一条重要原则。如图 3-53 所示，宝马汽车前脸双肾形进气格栅部分的设计就有很好的延续性。

图 3-53　宝马汽车前脸进气格栅形态的传递

　　宝马汽车特有的 L 形尾灯照明元件的水平样式确保了最佳辨识度，还强调了车尾的宽阔感和车辆矫健的运动姿态。我们可以看到，宝马汽车系列产品全部继承了这一精致的造型和前进的动势，如图 3-54 所示。

图 3-54　宝马汽车尾灯形态的传递

好的系列设计应该具有统一性，在设计中使用具有独特识别性的产品特征，如形态、材质、色彩等，使产品能够从其他同类产品中脱颖而出。

3.6.2　品牌的有效传承

品牌可以使企业在竞争中获得优势，企业可以将品牌的利益、个性、属性、价值等延伸到新的领域，利用品牌的知名度、美誉度及消费者的忠诚度，取得成功。品牌延伸作为一种营销战略，已经被越来越多的企业采用。品牌延伸是指企业将某一知名品牌或某一具有市场影响力的成功品牌扩展到与成名产品或原产品不尽相同的产品上，借现有成功品牌推出新产品的过程。

品牌设计的传承可以从两个方面理解，一是延续，二是个性特征。所谓延续，涵盖品牌文化，即设计核心理念、设计风格与造型等，就是形态特征的延续。所谓个性特征，就是要求产品体现企业特点，以优化消费者的生活方式作为目标，从情感、功能技术、人机环境等方面深化与提升产品内涵，从而达到品牌延伸的目的。

在形态设计方面，企业为加深消费者心目中的产品印象，往往赋予产品某种视觉特征，以区别于其他品牌的同类产品。例如，在产品形态设计上通过运用某种固定的色彩搭配或线性特征，或在同一系列产品中应用共同的零部件、相似的外形结构、表面处理等。

图 3-55 展示了一组具有统一视觉特征的品牌产品，从图中可以看出，该品牌产品在造型上采用近似新锐的风格，在质感表现方面采用金属和塑料对比，通过对金属质感的处理体现产品的高科技与时代风格，不同类型的产品外形风格具有很强的统一性，消费者容易识别。

图 3-55　具有统一视觉特征的品牌产品

3.6.3 对形态设计风格的准确把握

什么是设计风格？按照艺术风格的概念理解，设计风格就是设计师在设计总体上表现出来的独特的创作个性与鲜明的时代特色。设计风格最终表现在产品上的是具有特定代表性的面貌。

设计风格具有同一性和多样性。同一性表现在设计师的设计具有一定的共性，反映了特定时代人们的审美情趣和审美理想；多样性表现在设计师往往通过设计表现出消费者个人的生活体验和独特的审美需要。

设计风格能够对社会文化、艺术及诸多的社会因素产生影响，是技术、艺术、社会、人文、时代、观念的统一结合体。随着社会的发展和进步，人们对产品需求的不断改变决定了风格形式的丰富性和多元化。设计风格源于生活，在生活的沃土上孕育成熟，又返回到生活中去寻找存在的价值。设计风格的魅力在于调动人的情感、提高品牌知名度，最终提升产品价值。同时，由设计风格形成的设计理念对设计的发展具有积极的作用，设计风格的形成对企业品牌的建立和企业竞争力的形成都有很大的作用。

产品设计风格代表了一个时代的社会文化特征，从一个侧面反映出了当代人的审美趋势。因此，设计师在产品形态创意中注重对设计风格的学习和把握，就能了解当代人的审美趋势，这是设计的一条重要原则。违背这一原则，新产品就可能与当代的审美要求格格不入。例如，今天很多人看到一些包豪斯设计作品不以为然，把它们放到它们所处的时代就会发现它们的伟大之处。从图 3-56 ～图 3-59 所示的不同时代的椅子中我们可以看到设计风格的变迁。

图 3-56 所示的红蓝椅是荷兰风格派著名的代表作品之一，它是家具设计师里特维尔德受《风格》杂志影响设计的。里特维尔德的红蓝椅对包豪斯产生了很大的影响。

这把椅子整体是木结构，15 根木条互相垂直，组成椅子的空间结构，每个结构用螺丝连接固定，而非传统的榫接方式，以防有损于结构。这把椅子最初被涂以灰色、黑色。后来，里特维尔德通过使用单纯明亮的色彩来强化结构，这样就产生了红色的靠背和蓝色的坐垫。

红蓝椅具有激进的纯几何形态和难以想象的形式，将理性设计与人们当时对第一次世界大战的反思联系在一起。

图 3-57 所示的蛋椅是雅各布森在 1958 年为哥本哈根 SAS 皇家酒店设计的，一直被称为 20 世纪最成功的椅子设计，或者说是室内设计史上最容易辨认的标志性产品。蛋椅具有独特的造型，开辟了一个不被打扰的空间。这把椅子以人机工程学为依据，将刻板的功能主义形式转变成优雅的有机雕塑形态。该设计外形独特、结构简单、优雅简约，是具有鲜明个性的设计作品。

图 3-56 红蓝椅

图 3-57 蛋椅

图 3-58 所示的蝴蝶椅是日本老一代工业设计师柳宗理在 1954 年设计的作品，该椅用两片翻飞的木片组合而成，所以叫"蝴蝶椅"。有人说它更像观音展开的双手，温柔地托起人们的身体。

这个设计出现在日本经济重建的时代背景中，作品具有独特的恬淡、优雅，散发出含蓄的美，不着痕迹地融入人们的生活。整个设计带有民族美学特征，从日本传统文化中吸收养分，体现了典型的日本乡土文化，简单的设计饱含着设计师深深的情感。

图 3-59 所示的椅子符合人机工程学原理。让产品符合人机工程学原理，是现代设计师经常思考的问题。符合人机工程学原理的产品能够带来舒适的环境，设计师更重要的目标是降低人们的工作疲劳。设计师以实用及休闲为设计理念，注重产品与消费者的交流与沟通。

图 3-58 蝴蝶椅

图 3-59 现代椅

3.6.4 充分展现形态的个性特征

个性特征其实是设计师思想的部分体现。当个性元素在不断变化的产品中出现，或被不断模仿时，就可以视为一种风格的存在。设计师的个性观点会在不知不觉中引导消费者的思维，当消费者产生共鸣时，也就决定了消费者的选择。

个性是相对于一般的或具有共性的事物而言的，个性就是特点。所谓具有个性化的产品，是指产品的形态特征与同类产品相比，无论视觉表象还是其表露出来的精神特质都有显著的差异。富有个性的产品，形象突出，更能引起人们的注意。

如图3-60所示，同样是奥运会火炬，悉尼奥运和北京奥运会（冬奥会）的火炬都代表了各自的国家和文化特点，其独特个性表露无遗。

2008年北京奥运会火炬   2000年悉尼奥运会火炬   2022年北京冬奥会火炬

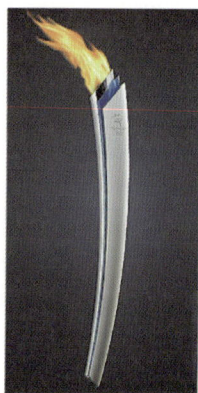

图3-60 奥运会火炬

追求个性是审美心理过程的一个重要特点，是表现美的更高层次。图3-61和图3-62所示为一组具有鲜明个性的产品。

图3-61 个性鲜明的灯饰

图3-62 造型独特的餐具

■ 小结

任何设计都有一定的理论基础和规律，本章讲述的基本规律是课程的重点，是形态设计的理论核心。本章通过讲述人的普遍审美规律引出形态审美规律，详细讲述了形态设计的心理特征和视觉美学特征。通过对本章的学习，大家可以了解在新的市场条件下如何让企业产品得以延续，如何长时间保持品牌特征和产品设计的个性化。

■ 习题

1. 临摹两种现有产品形态，体会产品形态具有的心理特征。

2. 临摹两种现有产品形态，说一说它们具有的视觉美学特征。

3. 任选一个品牌的产品，描述其具有的品牌特性。

4. 通过市场调研解决下列三个问题（调研产品范围不限）。

（1）哪些产品在整体造型上受到消费者喜爱和认同？它们的共同特征是什么？

（2）什么样的色彩和材质最受当代人青睐？

（3）消费者在选择产品时考虑的主要因素是什么？消费者期望产品具有什么样的颜色、材料、体量和尺寸？

第 **4** 章

形态设计基本方法

教 学 目 标

📖 掌握形态的定位，通过对消费者的调查确定形态设计方向。

📖 了解决定形态变化的几个决定性因素。

📖 掌握形态设计的基本方法，能够举一反三，将不同方法运用于形态设计之中，开拓思路，达到独立设计的目的。

　　形态设计方法是在形态运动变化规律的基础上，设计产品的艺术形态，使艺术与技术良好地融合。掌握设计方法是实现形态内涵的重要手段，设计师只有掌握设计方法才能设计出简洁、理性，富有生命力的产品，从而提高设计效率和产品附加值。

4.1 形态设计定位

　　什么样的产品形态符合市场需求，这是最困扰设计师的问题。当今世界纷繁复杂，设计师只有把握好市场脉搏，产品才能最终取得成功，而确定形态设计定位是产品形态设计中的首要问题。

形态设计定位是一个复杂而多维度的过程，涉及对产品的深入理解、对目标用户的分析、对市场趋势的把握，以及设计理念的融合。形态设计定位除要借助前面讲述的产品形态构成基本原则外，还要对市场和消费者进行深入的调查，以明确产品形态的设计方向。

4.1.1　明确产品目标和功能

设计师要明确产品的核心功能和附加功能。

（1）核心功能是产品存在的基石，直接满足用户的主要需求或解决用户痛点问题，是产品差异化竞争的关键所在。

（2）附加功能是为提升用户体验、增加产品吸引力或满足用户额外需求而设计的。

在明确这些功能后，产品形态设计便有了明确的导向，因为任何形态都需要高效支撑并展示这些功能，确保用户能够直观、便捷地使用产品。

4.1.2　分析目标消费群体与情绪调查

设计师在进行设计时，除了解设计内容以外，还应该透彻领悟设计应该实现的目标。对设计应该实现的目标的理解程度，通常决定了一个设计师的设计水平。

（1）根据产品设计内容收集目标消费群体生活状态方面的资料。例如，用户使用产品的目的、使用环境和使用条件；用户对产品性能的要求；用户对产品外观的要求，如造型、体积、色彩等。通过对目标消费群体生活状态的调查与分析，发掘未来的消费群体，从消费群体生活形态反映出来的意象中识别出个人生活状态特征和社会价值观念。

（2）对目标消费群体的生活情绪进行调查。这里反映出的内容主要是目标消费群体在日常生活中表现出来的某种生活情趣和心情特征。通过对特定消费群体典型的情绪特征进行分类和归集，设计师可以对产品形态的发展方向有一个基本的认识，为形态设计定位提供依据。例如，城市的有车族喜欢在休息日在城市近郊旅游，来缓解紧张的工作和喧嚣的都市带来的压力。设计师在捕捉到他们的情绪后，就可以为他们提供缓解压力的产品或服务。

4.1.3　对现有产品的调查比较

收集设计师的作品，对其进行归类，了解其基本构成元素和组合规律，从中找出与自己调查的消费群体情绪特征相似的产品。这些产品形态的主要元素可能包括线条的流畅性、曲面的变化、材质的选择与搭配、色彩的运用，以及各部件之间的连接方式等。通过对现有产品形态的逐一审视，设计师可以逐渐构建起对产品形态的全面认知，并把握其组合规律，即各元素如何相互作用、共同构成产品的整体形态。设计师还可以清楚地感受到消费者所要表达的某种意象在现有产品的形态和风格上有何种视觉规律与特征。

通过调查找到的视觉规律与特征，可以为新产品形态设计定位起到指导作用。同时，在收集资料的过程中，丰富的产品形态资料可以拓宽设计师的设计思路，对激发设计师的形态创意灵感具有十分重要的作用。

4.1.4 形态设计定位意义

形态设计定位是产品形态设计过程中必不可少的步骤，能够避免闭门造车的现象，使形态设计有的放矢。它是对前期调查的总结，又是崭新设计的开始，在设计实践中起到重要的作用。

对产品设计而言，形态设计定位强调在产品开发过程中运用设计思维来分析产品的形态发展方向，赋予新产品独特的个性特征，增加产品竞争力，从而使设计工作最终取得成功。

形态设计定位可以从消费者和产品两方面入手。在消费者方面，可以从不同年龄的消费者对形态的喜好、情绪影响，以及生活环境等方面来入手定位；在产品方面，可以从产品形态的各种要素入手，如产品外形、材料、色彩等。

4.1.5 形态设计定位案例——香道系列产品设计

1. 消费者生活状态调查

中国文人大多数爱香，如今的消费者大多数也是对古典文化有浓厚兴趣的香道爱好者，注重修身养性。香道系列产品不仅用于摆设，还能够增进友谊、美心修德，有益于身心。香道爱好者修习的是内心对美的鉴赏和心灵的释放，如图 4-1 和图 4-2 所示。

2. 目前市场产品状况

产品造型富有吸引力，能够引起消费者注意，也有部分产品为具象形态。产品一般质朴自然，形态各异；色彩雅致单一，有部分点缀色。市场现有产品，如图 4-3 所示。

图 4-1　香道爱好者的生活状态

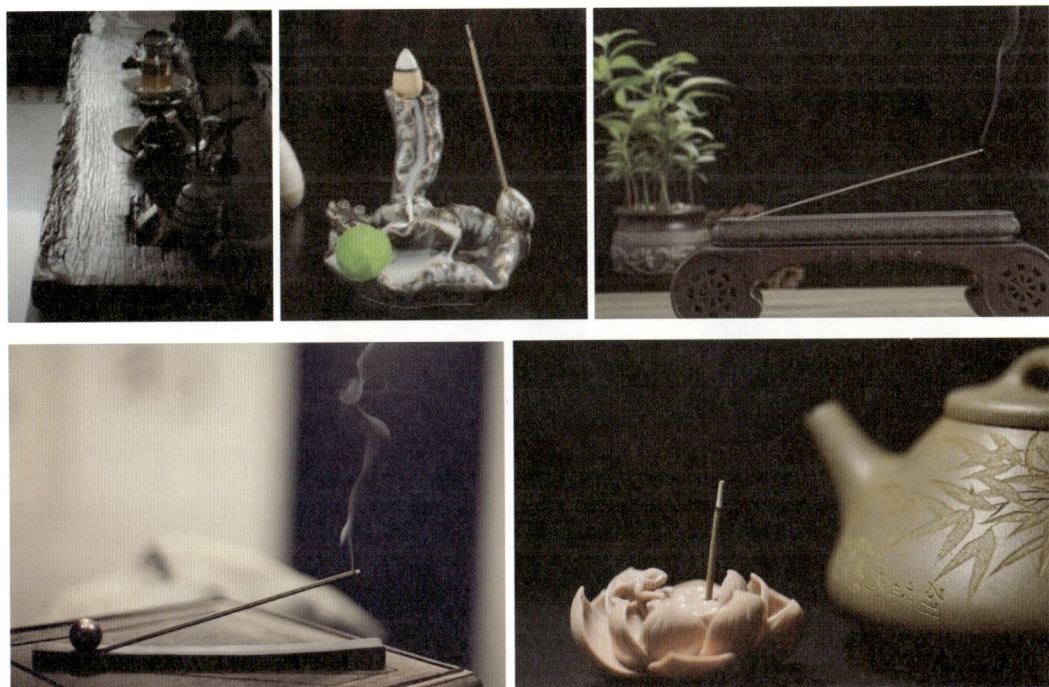

图 4-2　香道爱好者使用的产品形态特点

图 4-3　市场现有产品

3. 设计定位

　　将产品形态设计融入济南文化，融合香道美学。以济南标志性建筑东荷体育场、历下亭，以及剪纸等为灵感来源，使用荷花、荷叶、柳叶、凹凸阴阳、孔群等设计要素，设计出具有济南文化底蕴的香道产品。根据设计定位绘制的几款草图，如图4-4所示。

规格：132mm×132mm×65mm
材料：陶土、黑铁釉
重量：2.2kg

图 4-4　根据设计定位绘制的几款草图

4.2 影响形态设计的决定因素

在前面的课程中，我们了解到产品设计的各个要素对形态设计的影响，不同的功能、材料、工艺都会带来形态的变化。例如，拉丝不锈钢的出现，为现代家电提供了更加时尚的外观，提高了家电的整体档次，为厂家带来丰厚的利润。下面主要讲述除产品要素外还有哪些因素对形态设计具有影响。

4.2.1 需求决定形态

需求是设计的源泉，没有需求便没有设计，没有市场规模的需求便没有市场的设计。过去生产力低下，人们的消费观念、消费水平普遍很低，市场观念没有形成。早期的粗糙机械只是节省了人的体力，多数缺乏美感。在改革开放的今天，随着市场经济的不断发展，各类产品让人眼花缭乱，产品形态设计不仅要满足人们的实用价值和审美感官需求，还要全面考虑人在使用产品的过程中产生的生理、心理、行为等方面的需求。

图 4-5 为把握消费心理和市场变化的阿莱西产品。

图 4-5 把握消费心理和市场变化的阿莱西产品

4.2.2 注重人机工程的形态设计成为时尚

人机工程学是设计过程的分析、综合、展开、评价阶段必须考虑的设计因素。

产品要适合人使用，而不是让人去适应产品。产品是人在日常生活中使用的，设计师不考虑人的各种特征是不能进行设计的。人机工程学是研究人、机器、环境三大要素之间的关系，为解决人在使用产品中遇到的操作、健康、情绪等问题提供理论与方法的科学指导。

设计师在设计产品时要使产品形态与人的各种特点和需求相适应，探讨人使用产品的动作形式、轨迹及相关动作的协调性、韵律性与力量性。产品的使用方式应该与人的心理、生理结构相适应，人与产品在人机环境系统中取得动态平衡。设计师还应该探讨操作空间与动作的安全性、舒适性，以及使用者的情绪，使人在使用产品时获得生理上的舒适感和心理上的愉悦感，心理审美需求得到满足，最终以最小的代价取得最大的工作效率和经济效益。

图 4-6 ~ 图 4-8 为充分体现人机工程设计的一组产品。

图 4-6　键盘

图 4-7　电动工具

图 4-8　鼠标

4.2.3 人性化的形态设计

随着社会的发展、科技的进步和物质的极大丰富，传统的产品价值判断标准发生了变化，产品的功能不再只是指产品的使用功能，还包括产品的审美功能、文化功能等内容。什么样的产品更适合当下的消费者？回答就是人性化的，以人为中心，从人的需求出发，充分考虑人的生理和心理需求，为人所用的产品。

设计中的人性化是指在设计文化范畴中，以提升人的价值、尊重人的自然需求和社会需求，以满足人的物质需求和精神需求为主旨的设计观。

人性化设计是设计师一直追求的目标，人性化的产品形态不仅可以满足消费者的心理需求，还可以满足消费者在使用产品的过程中对效率、便利和乐趣的需求。

人性化的产品形态是产品向消费者传递满足其生理需求和心理需求信息的载体。为追求产品形态设计的人性化，设计师往往使用特有的造型语言。人性化设计能够体现产品对人无微不至的关怀，尤其在功能形态设计细节上，生理关怀有时可以转化为消费者心理上的感动。人性化的产品形态设计更加注重消费者心理层面的感受，消费者心理层面的感受不像对产品功能形态的感受那样直观，设计师往往通过表现情感的形态元素引起消费者的共鸣。

图 4-9 ~ 图 4-11 为一组人性化的形态设计案例。

图 4-9 采摘葡萄的剪刀

图 4-10 舒适的读书空间

图 4-11 防止烫手的水杯

4.3 形态设计方法

产品是功能的载体，形态是两者之间的中介。没有形态的作用，产品的一切功能都无法实现。除此之外，形态并非单纯的"物"的层面或"事"的层面，还包括精神、文化等方面的意义，设计师可以通过形态传达各种信息，形态设计一直是工业设计领域最令人关注的话题之一。随着时代的发展，人们对产品形态的要求也在不断更新，设计师只有掌握好形态设计的方法，才能不断满足人们对产品形态的需求。

4.3.1 形态设计的构思出发点

1. 美学规律

美不存在绝对的标准，但设计师可以遵循一些指导原则，如比例与尺度、统一与变化、均衡与对称、稳定与轻巧等。这些原则可以指导设计师设计出具有一定概率的合格产品。

2. 整体性

用合理的方法将单个零部件组合在一起，使其和谐地融为一体，每个零部件不得破坏产品的整体性。设计师一般是采用共同的造型风格、相似的表面结构、合理的色彩搭配等方式将零部件有机结合在一起，设计出和谐的整体。

3. 条理性

产品自由和有条理的造型变化能够激发人们的美感。条理性适宜程度依据产品的复杂程度而定，产品越复杂，条理性要求越高。节奏和韵律是条理性的一种表现形式。

4. 简洁化

在满足功能要求的基础上，简洁、紧凑的形态设计能够使产品小型化。简洁的设计来自设计师对材料、技术的正确把握，对功能、结构的精炼和推敲。设计师从美的角度把握形态特征，捕捉造型的规律性，将次要功能省略。

4.3.2 形态的点、线、面

1. 点

点是最基本的视觉要素，自身缺少独立属性，只有依托背景，才能显示大小、形状、位置等特点。

形态设计中的按钮、指示灯、出气孔、标识、防滑点等兼具功能与装饰特性，多点排布形成的大小、形状、颜色具有不同的视觉效果，如图 4-12 所示。

图 4-12 视觉要素——点

2. 线

线自身具备视觉上的方向性和连续性，可以以轮廓线、分模线、面与面交线的形式存在。以线为主形成的造型空间较为通透。线不仅是构成形态的基本元素之一，还深刻影响着设计的整体效果、感知体验和功能性。

线可以分为直线平面曲线与空间曲线等类型。运用线条进行造型设计时，一定要注意整体的流畅性和彼此的呼应，如图 4-13 所示。

图 4-13　视觉要素——线

3. 面

面的合围形成产品的三维形态。面是产品造型中的关键元素，如图 4-14 所示。

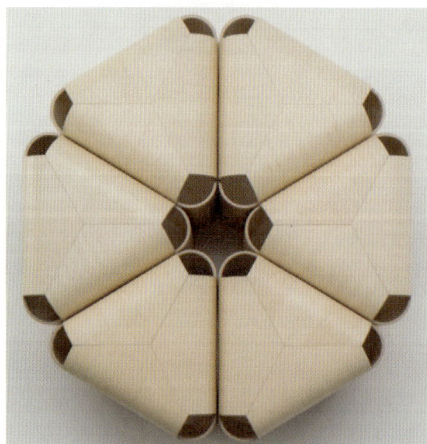

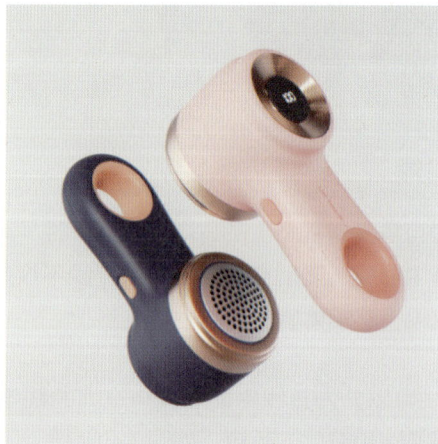

图 4-14　视觉要素——面

面可以分为平面、规则曲面、自由曲面。

规则曲面是指曲线通过简单运动（移动或旋转）形成的面，如圆柱面、圆球面等。三视图可以清晰表达曲面特征。

自由曲面的走势无序，三视图无法清晰表达曲面特征。

大部分的点要依托面才可以呈现出造型，如面上的孔或小突起；面的边界可以为线，平顺面的突变也可以变成线，面上的线状突起及槽都有面的特征。

4.3.3　形态的运动变化形式

在现实生活中，人们接触的任何事物都有各自独特的外形，这些形态使人们对不同事物产生不同的认知，但这仅是事物的外表。在这里，我们要说的是设计的形态。设计的形态是外形加上形态的运动变化。这种变化包括形态内部的力带来的运动变化和外部施加的力带来的变化，通过运动变化产生的外形才能具有魔力，成为真正的形态。

形态设计包含两个重要内容，一是形自身的组合要素，二是形的运动变化。形的运动变化为人们提供了一个创造形态和分析形态的方法，只有将两者加以综合，才是形态创造的正确方法。

形的组成要素对形态设计的影响会在后面的章节专门讲述，本章主要从形的运动变化角度分析形态设计的方法。

形的运动变化基本上可以分为以下三种类型。

（1）点、线、面、体的运动变化，包括移动、旋转、摆动、扩大及混合。这些形式形成的形态运动与时间因素相关。

（2）点、线、面、体的空间变化，包括卷曲、扭曲、折叠、切割、展开、穿透、膨胀等。块体在空间的变化主要指凹凸、分割移位、正负形造成的新形态。

（3）点、线、面、体在空间上的组合与分割，是指形体整体是由同质单体或异质单体组合与分割形成的。

形体通过上述运动变化形式，结合一定的材料与技术条件，就可以创造出无数的新形态。

4.3.4 基本型的选择

1. 方体

方体是一种最基本的形体形式，可以传递出稳定、规矩、平和、安全之感，在电子产品和大型设备中应用最广，如图 4–15 所示。

方体的形态演变是设计师需要掌握的基本功。

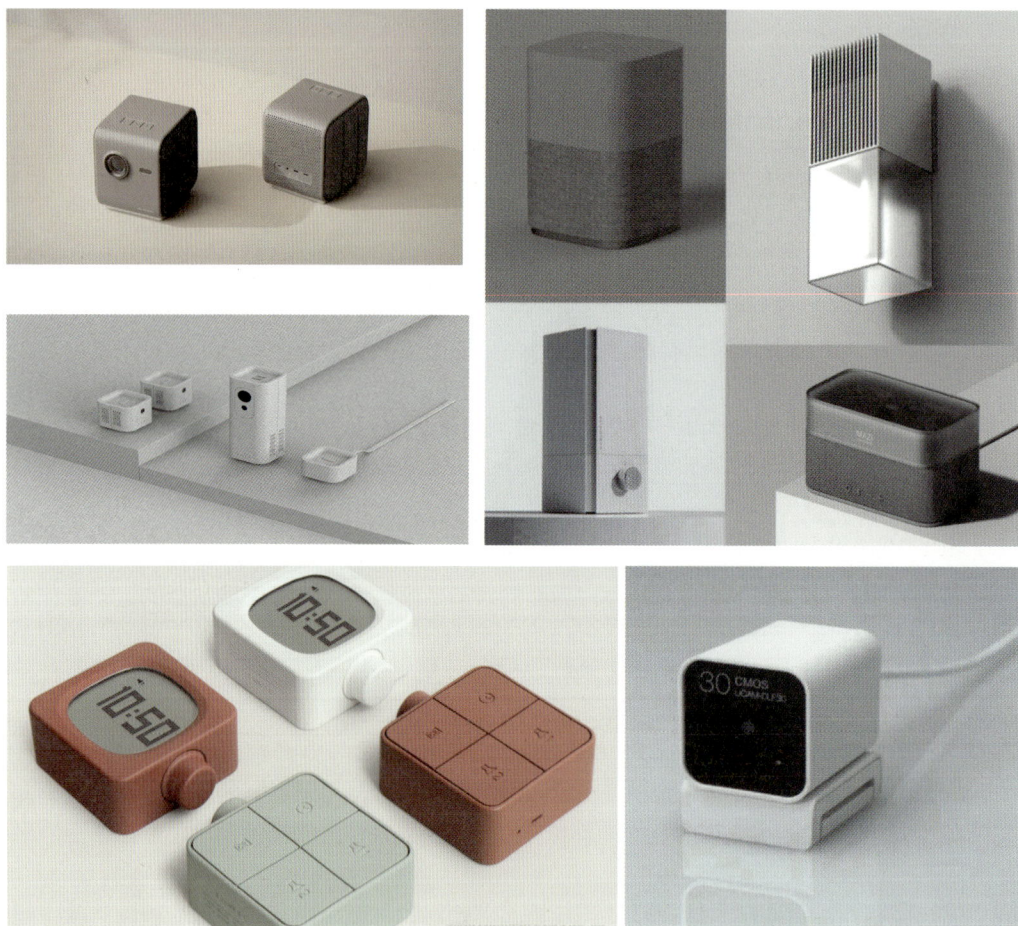

图 4-15 方体

2. 柱体

柱体可以分为圆柱体和棱柱体。圆柱体比方体更加柔和，适合在家具与家居产品设计中使用；棱柱体是多边形的延伸，形态硬朗冷峻，适合表现追求硬朗风格的产品。

在实际应用中，柱体的造型变化丰富了设计的多样性，如图 4–16 所示。

图 4-16　柱体

3. 锥体

　　锥体可以分为圆锥体和棱锥体。圆锥体比圆柱体更具有动感，更具有个性，有进攻性；棱锥体比棱柱体变化更多，个性强，更为尖锐，危险性更强。锥体正置时形态相对稳定，倒置时极其不稳定，设计时往往可以借用这一特点，如图 4-17 所示。

图 4-17　锥体

图 4-17 锥体（续）

4. 球体

球体与方体、锥体等有明显方向性的形状不同，在各个方向上都是均匀的，没有固定的正反或上下之分。这种无方向性使球形产品在摆放和使用时更加灵活，不受方向限制。球体极具亲和力，表面光滑柔和，形态既可爱又有幽默感，儿童用品与家用产品使用较多，如图 4-18 所示。

图 4-18 球体

5. 如何选择基本型

基本型的选择一般是根据使用功能、操控性、设计师个人的喜好和审美倾向，以及产品所处的环境、仿生设计的需要来选定，灵活度较高，如图 4-19 ～图 4-23 所示。

图 4-19　功能选择

图 4-20　操控性选择

Iron（电熨斗）

Problem arise form design has nothing to do with productsinternal value what need to be solved is the emotional relationship between products and users.

图 4-21　功能与操控性结合

图 4-22　仿生设计

图 4-23　个人喜好和审美倾向的选择

4.3.5　形态创造的基本方法

可以说形态的创作方法是在上述运动变化的基础上实现的，下面讲述的每种不同的设计方法遵循的就是形态的基本运动变化规律。

1. 分割和积聚

自然界的形态构成有一定的规律。在工业设计中，产品形态的创造也要遵循一定的规律。总的来说，无论何种形态，它们的构成基本上都是按照"分割"和"积聚"这两个基本规律进行的。

在形态表现上，我们可以把"分割"看成"去掉"或"减离"，把"积聚"看成"组合"或"合成"。在体量表现上，我们可以把"分割"看成"量的减少"，把"积聚"看成"量的增加"。在大自然中，岩石的腐蚀与风化，森林、湖泊的消退就是形态的分割；燕子衔泥筑的巢和六角形的蜂窝都是典型的积聚形式。

（1）分割。

分割就是要对形体进行分割，即在原有形体基础上对其进行分割。通过分割，可以使原本简单生硬的几何形体变得细节更为丰富和生动。在形态设计中，可以运用多种分割形式，如平面分割或体量分割、直线分割或曲线分割、规则分割或不规则分割等。

分割时要注意形态的整体性，要避免不适当分割带来的形体琐碎和缺乏统一性。分割的形态设计案例，如图 4-24 ~ 图 4-28 所示。

图 4-24 石雕

图 4-25 立方体分割成的产品

图 4-26 斜线分割的产品

图 4-27 色彩分割的产品

图 4-28 切割掉一角的创意手机

（2）积聚。

积聚就是将一个以上的基本几何形态组合成一个整体，使之达到丰富整体形态结构的目的。

在形体组合过程中，不同部分要有主次之分，以免形态杂乱无章或缺少统一的视觉效果，要突出整个形态中的主体部分。同时，形态的组合方式应该简洁明了，形态与形态之间的组合要合理、自然。

简洁的几何形态是人们在征服自然的过程中从大自然的形态中概括提炼出来的。从现有的产品形态中，我们不难看出绝大部分产品形态的构成是以抽象的几何形态为基础的，同时又符合形态的构成规律。因此，产品形态的构成规律必然与自然界形态构成的普遍规律有内在的联系。

积聚的形态设计案例，如图 4-29 ～图 4-31 所示。

图 4-29　由简单圆柱体组合而成的室内壁炉

图 4-30　由不同形体积聚而成的手持电风扇

图 4-31　典型的形态积聚

2. 形态分割与积聚的方法

产品形态设计需要符合形态分割和积聚的基本规律。在现实生活中，产品种类琳琅满目，不胜枚举，如家具、家用电器、交通工具、房屋建筑等。在千变万化的形态设计过程中，有些形态以分割为主，有些形态以积聚为主。当然，我们看到的形态往往并不像我们想象的那么简单，它们往往是对两种构成规律的组合应用。

（1）形态的分割方法。

形态分割可以使产品更富有创造性和活力，在设计产品形态时要关注以下几个方面。

① 不同形体所处的空间方位、大小比例及协调关系都会对产品形态产生很大影响。产品形态是由形状不同的部分组合在一起的，在设计时要考虑每个部分的位置、大小、比例的关系。形状的分割组合，如图 4–32 所示。

图 4-32　形状的分割组合

②　材料与材料表面的立体处理在整体形态上的对比协调关系对形态具有影响。产品的操作区域往往会使用不同的材料，发生材质的变化，在设计时要注意各种材料的对比、协调关系，让用户在视觉和心理上感到舒适。另外，各种材料表面的处理也会影响受众的心理变化。材质的分割组合，如图 4-33 所示。

图 4-33　材质的分割组合

③　色彩在整体形态上的对比、协调关系对形态具有影响。任何产品都会有色彩变化，色彩的搭配与调和对丰富产品形态的细节具有重要作用。色彩的分割组合，如图 4-34 所示。

图 4-34　色彩的分割组合

④ 按照功能进行分割适合功能变化大、构造复杂、操作跨度大的产品形态。有很多产品的操作平面会按照功能、使用者的操作习惯、产品的构造特性等进行区域划分，人为地进行分割组合设计，让人们可以更加便捷地使用，如图4-35所示。

图 4-35　按照功能进行分割的产品

（2）形态的积聚方法。

① 镶嵌组合法。

镶嵌式的形态设计主要针对既有功能分合的要求，又有不同形态要求的产品，用镶嵌式的形态语言将形态每个要素完美地统一在一起。采用镶嵌组合法设计出的产品能够更好地发挥产品的性能，又有良好的视觉整体感，如图4-36所示。

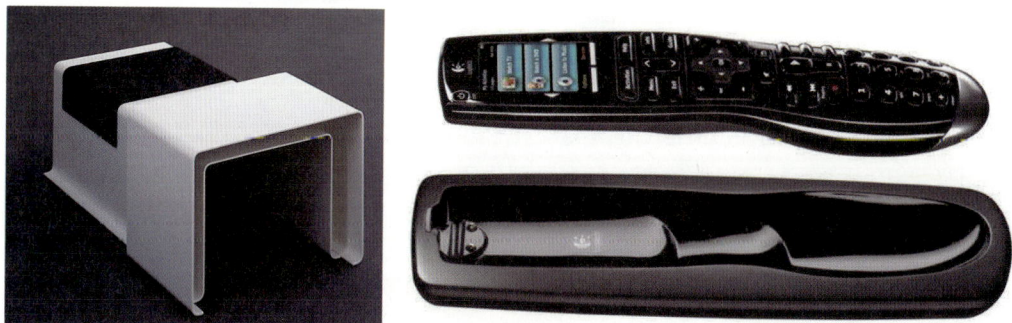

图 4-36　镶嵌式形态

② 啮合组合法。

形态啮合设计就是根据产品形态的基本功能要求，找出产品不同部分之间的相互对应关系，如上下、左右、前后、正负等对应关系。采用这种方式创造出的形态每个部分相互啮合，互相补充，形成新的统一体，从而达到扩大功能价值、节省材料、节约空间、方便储存、减少资源投入等目的。

采用啮合组合法设计的产品形态，既有形态寓意，又与产品功能完美结合，充满表现力。

啮合形态往往与物体的结构紧密相关，巧妙的结构形式与丰富多变的外观形态互为补充，相得益彰，显露出一种感性与理性的交融，往往给人具有趣味性的感觉。审视这种形态可以让我们领略到设计创造的内涵。因此，从这一意义上说，对形态啮合的研究与探索有助于设计师拓宽视野、丰富想象力，以及增强形态创造能力。啮合形态的产品，如图4-37所示。

图 4-37　啮合形态的产品

3. 形态的排列组合

（1）形态的排列组合设计。

在生活中，为满足消费者需求，设计师往往会把产品相近或有关系的部分组成"功能组"，这就是产品形态的排列组合。设计师根据产品功能与功能之间的关系，通过形态组合法，将功能有机地组合在一起，设计出完整的产品组，如图4-38所示。

在形态的排列组合设计中，设计师要重视构成整体的基本要素的互换性、兼容性及相似性。设计师通过对基本要素的设计，使产品具有标准性、功能多变性、形态丰富性等特点。与此同时，形态排列组合的设计方式，可以降低产品生产成本，节省材料，方便产品加工、储存和运输，最终为企业带来最大利益。图4-39为节约空间和运输成本的宜家马克杯。

图 4-38　具有相同功能的组合产品设计

图 4-39　节约空间和运输成本的宜家马克杯

例如，现在市场上的自动洗衣机和传统洗衣机相比，其先进性要超出很多，但从自动洗衣机本身来看，其 80% 的主要零部件沿袭自传统洗衣机。因此，在整体产品设计中强调零部件的兼容性与互换性，能够以最低的成本和最快的速度开发新产品。同样，在产品形态设计中，利用形态要素的兼容性与互换性，可以使产品形态创造取得异曲同工的效果。

在当今市场中，采用排列组合设计模式最多的产品当属组合家具，在组合家具的设计中充分利用单元的相似性、兼容性和互换性进行排列组合形式设计。设计师设计出几个基本单元，然后通过对基本单元的排列组合，就能变换出具有不同使用功能和形态的家具形式，如图 4-40 所示。

图 4-40　排列组合家具设计

在产品生命周期缩短、消费市场多变的当下，采用排列组合的形态设计方式，利用形态的相似性、互换性及兼容性，可以让企业的产品迅速适应市场，及时满足消费者的需要，提高企业的生产效率和经济效益。排列组合被大量应用于家具、公共设施、儿童玩具等产品的形态设计中。

（2）形态排列组合的基本要素。

从上面的内容可以看出，形态排列组合设计的关键是基本要素的设计，下面我们就来了解一下形态排列组合的基本要素。

所有物质都是可分的，视觉形象也不例外。无论是具象形态，还是抽象形态，它们都可以分解为形态要素及其组合。形态设计本身就是应用形态要素，并按照一定原则将其组合成一定的形态。

形态要素可以分为主观认知的概念性要素和客观存在的视觉性要素。

① 主观认知的概念性要素是不能直接感知的，它们是设计师在设计创造形态前，在构思过程中形成的并非实际存在的知觉形象。这些知觉形象的棱角有点，边缘有线，外表有面，立体占据一定的空间。这些没有具体形状的点、线、面、体都是存在于意念中的概念要素，促使设计师把握视觉性要素的构成。对概念性要素的思考与训练，可以帮助设计师理解视觉性要素的运动变化规律和本质。

② 当设计师把构思中的概念性要素直观化，这时就产生了客观存在的视觉性要素。这些要素是人们能够实际感知到的，也是形态设计中主要的表现要素。它们包括以下类型。

● 产品自身要素：形状（具象的、抽象的、积极的、消极的）、色彩（色相、明度、纯度、面积比例）、材质肌理（视觉材质肌理、触觉材质肌理）。

● 空间形成要素：点（所在空间的顶点，所占面积和空间很小）、线（具有沿固定方向的延展性）、面（在平面范围具有最大的延展性）、体（立体，实际空间的占有者）、空（虚实关系往往是形成空间最重要的因素）。

● 其他要素：体量大小、排列数量、方位、光影变化等。

（3）形态排列组合的原则。

形态排列组合的原则可以分为符合客观存在的视觉性要求和符合主观认知的心理性要求。

① 符合客观存在的视觉性要求，主要指与产品自身有关，通过视觉可以直接感知要素的要求。

● 形态应该具有写实或装饰化的特点，点、线、面的组合关系可以借鉴自然或者人工创造的各类物体形象表现。

● 组合要素可以运用构成原理，表现出丰富的运动倾向。

● 把握好材料和力学关系，处理好产品结构。

● 充分发挥工具的作用，通过对材料的不同处理，创造崭新的形态效果。

② 符合主观认知的心理性要求，指要素的排列组合是根据心理性因素决定的。也就是说，形态的组合设计在形式上必须表达一定的心理内容。

例如，为让儿童产品符合儿童心理，可以赋予产品形态针对儿童的特别含义；也可以挖掘儿童的具体情感，让儿童因感动而接受产品；还可以通过对要素的排列组合，为儿童带来游戏环境氛围。儿童产品设计，如图 4-41 所示。

图 4-41　儿童产品设计

4. 形态的过渡

在形态创造中，将具有两个或两个以上不同形状或特征的形态，通过一定的处理方法，使其统一在一个新的形态之中，就是形态的过渡。

形态的过渡在产品形态塑造过程中往往起到关键性的作用，能够把产品形态的不同部分有机地组合在一起，形成整体。

下面两种方法可以用来实现不同性质形体的组合，取得整体协调性。

（1）在两个形态之间加入"第三者"。

"第三者"可以起到过渡层的作用，联系两个不同的形态，最终实现形态融合。这种"第三者"的过渡变化有急有缓，有的循序渐进，有的则是较强硬的突变。循序渐进的过渡显得柔和，给人带来舒服平淡的感觉，如图 4-42 所示。强硬的形态突变过渡，给人的视觉、触觉带来强烈的冲击，有利于突出形态的个性特点，如图 4-43 所示。

图 4-42　柔和的过渡　　　　　　　　　　　图 4-43　强硬的过渡

（2）形态的熔合。

形态的熔合就是模仿固体熔化的状态，对产品的形态进行形似半熔融状态的处理。利用该方法处理的形态更加自然生动，具有亲和力，如同冰激凌，在温度升高的过程中由棱角分明的形态变成柔软温和的形态，如图 4-44 所示。我们常见的汽车都是线条分明的，而图 4-45 所示的汽车被处理成熔合的状态，形态流畅，动感十足。

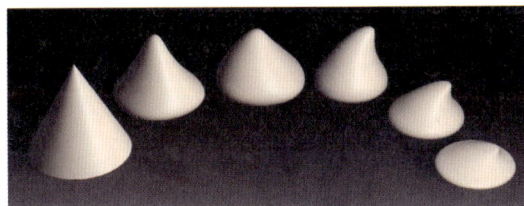

图 4-44　物质熔融　　　　　　　　　图 4-45　采用熔合过渡方式设计的汽车

设计师通过对形态过渡的训练，可以培养准确观察事物和表达形态的能力，探究形态与客观生成条件之间，以及形态各部分之间的关系，为最终的形态设计服务。

图 4-46 ~ 图 4-49 为一些形态熔合的设计案例。

5. 打破常规的形态变异设计

变异是改变一个基本几何形态的形态特征，从而衍生出新形态的设计手法。变异可以使原本单调、呆板的形态获得较为生动的视觉效果，如图 4-50 所示。

图 4-46　形态柔和过渡

图 4-47　两个形态尽量接近，形成过渡

图 4-48　加入"第三者"的过渡

图 4-49　熔合过渡

图 4-50　形态变异的鼠标

形态变异的形式可以是渐变，或者突变，可以从一个形态变化成具有相似特征或相反特征的形态，如图 4–51 ~ 图 4–53 所示。

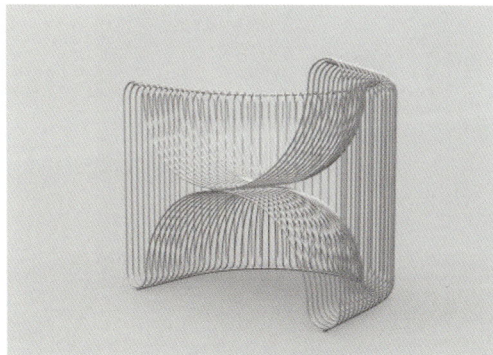

图 4-51　线的变异产品

图 4-52　面的变异产品

图 4-53　体的变异产品

6.破坏带来形态的变化

人们在认识和感知世界的时候，往往会做出一些破坏活动，即所谓"不破不立"。"破坏"往往可以给死气沉沉的事物带来新的活力，产生意想不到的心理效果，设计师可以在此基础上创造出新的形态。在现实生活中，许多偶然形态就是通过破坏产生的。这些形态常常是设计师在设计中想不到的，具有出人意料的效果，如图 4–54 ~ 图 4–56 所示。

如何进行"破坏"？如何通过"破坏"表现出动感与活力？

（1）最初的破坏效果是随意的和偶然的，应该自由奔放，无拘无束，大胆地对形态进行破坏，如扭曲或拉伸。

（2）观察形态破坏的结果，从中探索和发现新的表现和造型的可行性，并以此激发创造欲。直观判断力是设计师通过对美的形态不断探索和认识得到的。

图 4-54　破碎的灯泡

图 4-55　掀开的墙角

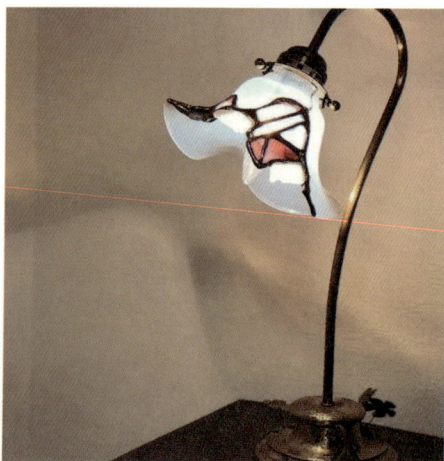

图 4-56　由破碎陶瓷片组成的灯饰

　　破坏本身并不是目的，其目的是通过破坏产生的自然形态或偶然形态，发现创造有意义的形态的途径，由此形成新的形态。

7. 从大自然中汲取营养——仿生设计法

　　大自然中存在纷繁复杂、千变万化的各种形态，是人类创造的源泉。人类要改造自身的生活环境，创造新的生活形态，就必须向大自然学习，从大自然中获取设计灵感。

　　早在几千年前，就有人发现蕴藏在自然界中的美的要素和神奇的形态结构，并将它们提取出来，用于现实生活。例如，建筑大师鲁班仿造叶子的齿状边缘发明木工用的锯子，乔治·德·梅斯特拉尔受到裤管上沾满的苍耳籽启发，发明了今天常见的尼龙粘带，这样的设计案例不胜枚举。

　　随着科学技术的高速发展，人们对自然形态的观察和理解更为仔细和深入。在现代工业产品设计中，设计师吸取了自然界大量科学合理的形态要素，并将它们在设计中体现出来。这方面最著名的设计师就是德国设计大师科拉尼。

仿生设计不是简单对自然物的照搬与模仿，它是在深刻理解自然物的基础上，在美学原理和造型原则作用下的一种具有高度创造性的思维活动。

这里讲的仿生设计主要是形态仿生。形态仿生设计有以下步骤。

（1）对模仿的事物进行深入的形态研究分析，找出其形态特征中最有特点、最能反映其本质的要素。

（2）对这些要素进行提炼，除去不必要的细节，对主要特征适度夸张，以强调要表现的主体内容。

（3）在形成的形态雏形上反复进行修正，并在此基础上延伸，以创造出多种形态。

在产品形态设计时，仿生造型往往采用直观象征手法或含蓄、隐喻的手法来表现，如图 4-57 ~ 图 4-63 所示。

图 4-57　清爽的莲藕

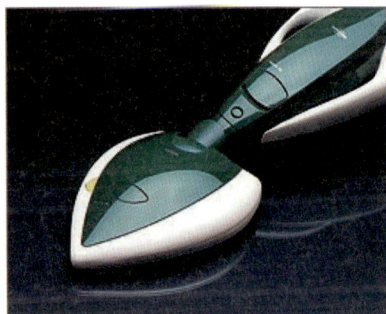

图 4-58　可爱的昆虫

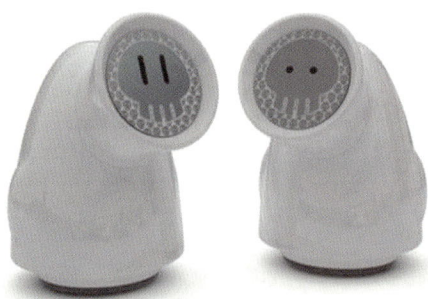

图 4-59　憨憨的河马

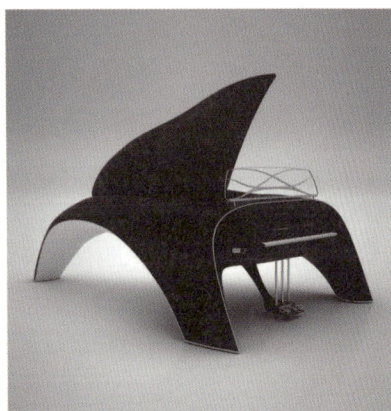

图 4-60　钻出海浪的鲸鱼

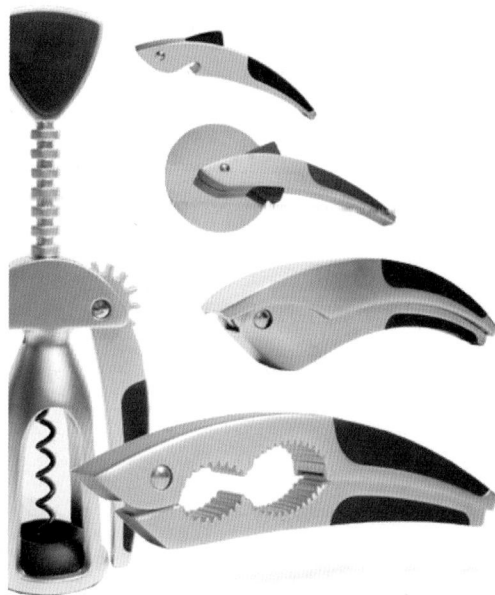

图 4-61　凶猛的鲨鱼

图 4-62　可移动的小鸭

图 4-63　可爱的穿山甲

4.3.6　掌握新的观察和学习的方法

　　用常规方法看周围的世界，只能观察到人们日常体验到的东西，这对设计师来说是不够的。设计师应该热爱自然，融入自然。设计师要设计出富有新意的形态，就必须从一般的事物中认识和挖掘常人不能发现的东西，勇于探索未知世界，通过拓展设计视野去探索事物内部深层次的科学合理的地方，不被习惯左右。设计师应该用新的观察和学习方法认识世界，通过扩大知识面来拓宽视野，注意培养知识的整体性和综合运用知识解决问题的能力。

■ 小结

本章重点讲述形态设计的基本方法，通过形态的不同运动变换形式引出分割、组合和变异等不同的设计方法，详细讲述了每种方法的要点和注意事项，并通过大量实例帮助大家理解和接受。同时，本章延续前面讲过的内容，告诉大家要从大自然中汲取营养，掌握仿生设计的方法。

■ 习题

1. 运用形态设计方法（仿生设计法除外）对任意几何形体进行形态创造练习，使其具备一定的功能。

2. 任选两个不同性质的形态进行形态过渡练习。

3. 设计 5 个以上相同的立体基本单元，要求每个基本单元的形态具有一定的功能，并设计 5 种排列组合方案，要求形态与形态之间的结合有机自然，有较好的视觉效果。

4. 用仿生设计法对自然界的某种形态进行归纳创造，使其具有一定的功能。

第5章

形态设计与产品要素的关系

📖 教学目标

- 📖 了解功能的分类，重点掌握不同功能对形态的重要影响。
- 📖 了解材料的发展过程，学会利用材料特性进行设计，赋予产品形态全新的寓意。
- 📖 了解和掌握结构变化对形态的影响。
- 📖 了解产品色彩设计的基本原理，学会利用色彩语言装扮自己的产品。

无论何时，形态都要通过一定的物质形式来体现。以汽车为例，如图5-1所示，当看到汽车的4个轮胎时，我们就能感受到它是一种能运动的产品。汽车的传动机构揭示了产品的基本传动方式和功能内涵，而车身的材料、结构等不仅反映出了产品的基本构造，还强调了产品的外形势态。在设计领域中，任何产品的形态总是与其功能、材料、结构等要素分不开的。产品形态就是把功能、材料、结构等要素用一定形式表现出来，给受众一种整体视觉感受。因此，设计要素对产品形态的影响显得尤为重要。

产品还包含各种构成形态的基本要素，如产品的使用方式、基本功能、材料、结构及材质的表面处理、色彩等。这些要素既有各自独立的内容与特征，相互之间又有密切的内在关系，并共同影响产品的整体形态。在党的二十大报告指引下，我国的品牌建设取得了巨大的进展，同时对设计师提出了新的要求和挑战。品牌培育、发展、壮大的促进机制和支持制度更加健全，品牌建设水平显著提高，为设计师创造具有卓越品质和鲜明特色的产品形态提供了有力的支持。企业争创品牌、大众信赖品牌的社会氛围更加浓厚，品质卓越、特色鲜明的品牌领军企业持续涌现，形成了一大批质量过硬、优势明显的中国品牌。

图 5-1　产品要素实现完美结合的汽车

在这样的背景下，设计师需要更加注重品牌理念在产品形态设计中的体现，通过形态设计来传递品牌的价值和内涵。同时，设计师还要关注市场动态和消费者需求的变化，不断创新产品形态，以满足消费者对品质和特色的追求。只有这样，才能设计出既满足市场需求又具有卓越品质和鲜明特色的产品形态，为品牌建设贡献自己的力量。

如何设计好产品形态呢？在产品形态设计过程中选择其中的某些要素作为突破点，也就是形态设计的切入点。

5.1　产品使用方式与形态

产品使用方式是消费者在使用产品时的具体需求的表现形式，包括消费者个性特征、使用时间和环境、使用行为过程，以及使用条件限制等。

设计师在设计产品时，必须考虑人们对产品的使用方式，不同的产品使用方式设计必然会产生不同的产品形态。因此，对产品的使用方式重新进行设计或创造新的使用方式是获得产品形态创意的一个重要切入点。

图 5-2 展示了使用方式和产品形态不同的两种 iWatch 智能手表。

良好的使用方式设计能够提高产品的使用效率，精心设计的产品更方便用户操作，能够满足用户在不同使用情况下的需求。此外，新材料、新技术的合理运用对产品使用方式的创新设计也会产生很大影响。

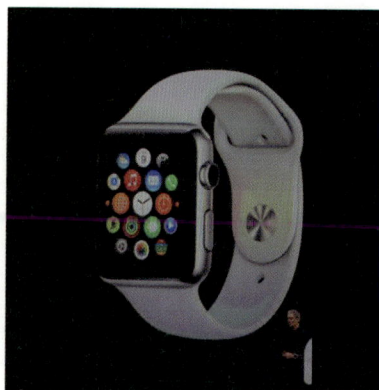

图 5-2　使用方式和产品形态不同的两种 iWatch 智能手表

5.2　产品功能与形态

现代高技术要通过产品功能来实现，而产品功能不只是实用功能，还有审美功能，包括产品样式、造型质感、色彩等，也就是功能美，体现为一种视觉美感。产品功能的美必须通过形态来实现，而形态正是表现视觉美感最直接的手段。因此，了解功能与形式的关系，把握两者之间发生的新的变化，有助于实现功能与形态的完美结合。

5.2.1　产品功能

产品功能是指产品具有的工作能力，产品只有具备为消费者接受的功能才能进行生产和销售。产品实际上是功能的载体，实现功能是产品设计的基础。产品设计与制造是针对依附于产品实体的功能进行的，而功能是产品的实质。

在产品设计前需要进行功能分析，明确用户对产品功能的需求，从技术和经济角度分析产品应具有的功能和水平，提高产品竞争力。从功能分析入手，可以更准确、更深入地发现原有产品中的核心问题，排除其他问题，完善设计，找到产品创新的途径。

不同产品功能承担的角色轻重不一，使用性质也不尽相同，在进行功能分析时需要加以分类，区别对待。

产品功能可以分为实用功能和审美功能两部分。

1. 实用功能

实用功能是产品形态要素中一个十分重要的要素。产品形态不同于不加功能的装饰品或其他事物的形态，产品存在的最终目的是供人们使用的。为让消费者感觉到产品是有用并且好用的，产品形态设计就必须体现某种功能和符合人们实际操作等要求，形成功能形态。

产品的实用功能要素是决定产品形态的主要要素之一。例如，电视机和电冰箱的形态都是方形，但电视机是视频接收和显示设备，而电冰箱是冷藏食品及放置压缩机和制冷系统的设备，其形态绝不能设计成一样的。用手操作的产品，其把手或手握部分必须符合人用手操作的要求，其形态必然和人手使用产品的方式有密切的关系，如图5-3所示。

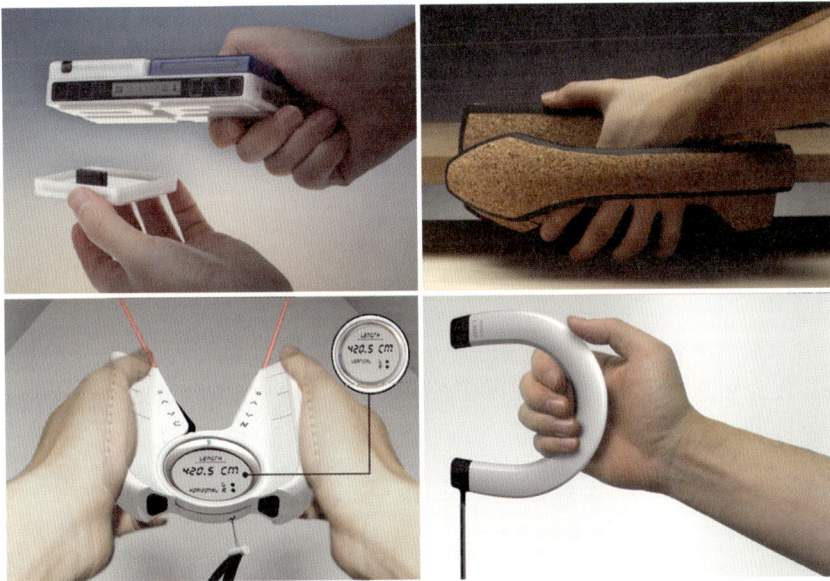

图 5-3　由不同功用决定的产品形态

创造理想的功能形态，要先了解该功能的工作原理，再研究材料、结构、功能等基本要素，最终构成完整统一体，发挥产品的最佳功效。

同样是交通工具，由于人们的使用方式、使用要求与使用目的不同，出现了小汽车、大卡车、拖拉机等，它们体现出来的产品形态大相径庭。由此可见，离开产品基本实用功能去空谈形态创造，就是闭门造车。

2. 审美功能

随着社会的不断发展，在产品功能和质量相对稳定的时候，产品形态的审美功能就成为人们对产品至关重要的要求。随着物质文明程度的提升，人们对产品的要求不再局限于对某种功能的要求，更多是通过产品来实现自我价值，对产品形态美的要求越来越高。

当然，产品使用者之间在文化、职业、年龄、性别、爱好、志趣等方面存在不同，在产品形态审美方面也存在很多差异。因此，即使具有同一使用功能和技术的产品，在形态上也应该呈现出多样化。设计师利用产品的特有形态表达产品不同的审美特征与价值取向，使产品体现出的情感与产品使用者的内心情感期待取得一致。图5-4显示了两款审美特征区别明显的产品。

图 5-4　审美特征区别明显的产品

另外，按重要性，产品功能还可以分为主要功能和次要功能。

主要功能是指与产品的主要目的直接相关的功能。对产品使用者来说，这是必要的基本功能，也是产品存在的意义。主要功能是产品存在的基础，相对稳定，不应有太大的变化，否则产品的性质就会发生变化。

次要功能是辅助主要功能更好地实现其目的的功能，有时也是不可缺少的功能。产品通过次要功能增加产品的使用价值，有利于提高产品附加值，但如果处理不当，就会造成功能和成本的浪费。

5.2.2　功能与形态

产品设计活动是通过有目的地制造（功能）开始的，而审美需求随之而来。精神的愉悦一般是人们在艺术交流的过程中领悟并获得的，因此，产品设计无论如何都离不开艺术元素。艺术审美规律、欣赏美的心理思维规律都必须通过特定载体来表现，这一载体就是形态。产品设计通过形态、质感、色彩等外在形式来体现产品的功能美，为消费者带来视觉美感，如图5-5所示。

同时，产品形态不能与功能脱离，缺乏功能合理性的形态是不能很好地满足表达内容的要求的。好的产品设计能够在形式上征服消费者，消费者在使用产品的过程中能够体会到产品形态在实现产品功能上起的重要作用。在消费者感知和理解产品的过程中，功能与形态共同起着作用，相互构建了一个复杂的设计系统：功能通过实用、好用与消费者产生共鸣，形态通过清晰的感觉触动消费者的感情、激发消费者想象，最终虏获消费者的心。两者之间虽然相互依赖，形态却具有相对独立性，并不是绝对依赖功能。

图 5-5 形态、质感、色彩俱佳的拍立得相机

功能的实现是对产品设计最基本的要求。然而，当今的产品设计越来越追求时尚潮流，强调个性化、差异化，只有满足人们的心理需求和审美需求，才会受到市场欢迎。因此，功能和形态和谐必然是工业设计研究的主要课题。

5.3 产品材料与形态

产品形态往往会在人们心中形成一种视觉印象或者心理感受，这些整体视觉印象是通过产品的几何特征、色彩、材料质感等方面共同作用产生的，最终形成设计形态整体的视觉印象，而材料在其中起到重要作用。在产品形态设计中，只有对材料的各种特性有充分的了解和把握，综合考虑、灵活运用，才能选择出合适的材料，从而最大限度地发挥材料的性能，设计出更加完美的形态。

5.3.1 材料

任何产品形态的实现都离不开特定的材料，如常用的家居产品，不管用什么做成，都离不开材料支持，而不同材料的特性和加工方法有很大区别，这就对产品形态产生了很大影响。

早在远古时代，人们在漫长的生活实践中就积累了使用材料的经验。人们用石块做成捕猎的工具和战斗的武器，用泥土制成盛放食物的容器，用草木搭建栖身的房屋。这些都是人类早期进行的简单的设计活动。从半坡的彩陶到商周的青铜器，再到后来的玉器、瓷器、金银器，可以清楚地看到材料与形态之间具有密不可分的关系。陶器和青铜器，如图5-6～图5-7所示。

图 5-6　陶器

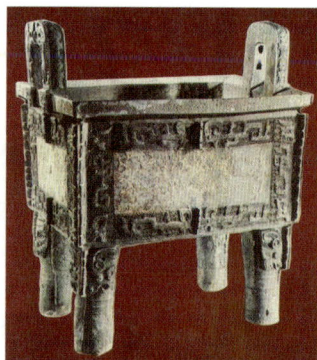
图 5-7　青铜器

　　进入现代社会，科学技术的飞速发展把人类带进了一个运用材料的新天地。新材料不断出现，改变了人类传统的选用材料的方式，促使传统产品形态发生根本性的变革。有人说20世纪最伟大的发明是塑料，塑料的出现，使传统的木、金属等结构的产品变成一次成型的塑料产品，不仅减少了加工工序、降低了成本，还开创了产品设计革命的新世纪。尤其在电子产品的形态设计上，塑料可谓"如鱼得水"，设计师不仅运用塑料自身的特性，还延伸到对塑料表面的处理，以及在塑料中添加其他材料。材料的丰富使原来机械、呆板、冷漠的产品变得轻巧活泼，富有生气，充满人情味。塑料在产品中的应用，如图5-8所示。

S: 0m+　　　M: 3m+　　　M: 6m+

图 5-8　塑料在产品中的应用

　　运用新材料实现对产品形态的创新，是人们逐步认识到材料的特性和利用材料特性的结果。自然界存在千千万万种材料，不同材料有不同的性能和特征。设计师在设计产品形态的时候，除正确选择材料外，还要清楚所选材料的特性。

　　材料的特性主要体现在物理、化学和视觉三个方面。

（1）物理特性主要指材料的强度、刚度和光电性能。

（2）化学特性主要指材料的抗腐、防腐能力。

（3）视觉特性主要指材料的形状、肌理和色彩。

材料的综合特征与生产、加工、使用等因素结合起来，必然会引出成本、价值、形态结构、美感等与产品形态具有密切关系的要素。因此，设计师需要全面衡量这些因素，科学合理地选择材料，从而最大限度地发挥材料的性能特征。

新材料在家居产品中的应用，如图 5-9 所示。

图 5-9　新材料在家居产品中的应用

不同材料具有不同的视觉特征，一旦被应用到具体产品中，就会给产品带来直接的视觉影响。在现实生活中，即使是功能相同的产品，采用不同的材料，也会给人们留下不同的视觉感受。此外，不同材料具有不同的加工方法和成型工艺，而不同的加工工艺也会对产品的形态起到直接的影响。例如，我国 20 世纪 50 年代早期生产的台式收音机外壳，采用的是人工夹板拼装工艺，产品形态只能以直线大平面为主，造型呆板生硬。由于塑料的出现和注塑技术的成熟，收音机壳体成型材料和成型工艺彻底改变，使产品形态由以前单一的直线平面发展到各种曲线、体面结合，造型丰富多彩，如图 5-10 所示。随着北欧板式家具的诞生，设计师采用先进成型工艺，可使座椅主体一次整体成型，从而使传统木结构椅子发生革命性的变革，座椅形态变化更趋自由，如图 5-11 所示。

图 5-10　收音机形态的演变

图 5-11　传统与现代结合的椅子

5.3.2　材料特点的利用

当躺在舒适的沙发上，手握泡着香浓咖啡的玻璃杯时，你不禁会感受到不同材料蕴含的不同情感，是它们构成了纷繁复杂的世界，是它们一直在伴随着我们。如何去理解并利用不同的材料，这正是设计师要掌握的。

1. 不同形态材料的特点

（1）线材。

线是点运动的轨迹，因此具有一定的方向感。线包括直线、折线和曲线，曲线发展到极端就是圆——最圆满的线。此外，还有各种随意的线和三维的线。线材的视觉特征是挺拔、柔软，不同性质的线材会给消费者带来不同的情感。另外，线材构成空间后有凌空感、紧张感和视觉导向，线与线之间留下的间隙也会有一种负量的美。

（2）板材。

板材往往以面的形式出现在人们的面前，对于三维空间体的概念，人们往往通过一定的空间线索产生的深度知觉才会感知。

板材最大的特征是具有轻薄锐利感与延展性。不论用何种材料制成的板材，如果增加厚度，或将板材堆积成一定的厚度，就会削弱板材的特征。所以，当使用板材制作某种形态时，板材折叠部分的感觉就会变得比较笨重。同时，观察的视角不同，对形态会产生不同的感觉。

（3）块材。

块材有实心的，也有中空但表面看不出的，还有密度不同的，如发泡塑料。块材的性质可以说多种多样，所以很难将其特点做概括说明。但是，我们可以从块材给人的印象，对其加以区分。块材是一种封闭性的量块，是具有一定量感的物体，这是它的心理特性。块材没有线材与板材给人的锐利、轻快、紧张与速度感，给人的感觉是稳重和安定，以及耐压感。因此，使用块材创造形态，要注意不要抹杀块材的这种特性。

2. 不同材料的美感

对材料的运用，如同在设计中对线条或色彩的运用，要遵循一定规律，通过将材料相互配合产生对比、和谐、运动、统一等形式美感。好的设计离不开对材料的精挑细选，会让人产生联想和想象，最终心领神会地理解并接受。苹果计算机产品采用的材料就与众不同，外壳光滑，具有特有的雕塑感，体现出个性化设计风格，并由此博得消费者青睐，如图 5-12 所示。

图 5-12　苹果计算机

设计师在设计时要把握材料的美感，就必须了解材料的各种特性，遵循使用材料的相关原则。

（1）材料的特性。

① 材料给人们带来联想。

材料美感是一种自然属性，不同材质会使人产生不同感觉的联想。例如，木材总使人联想起古典味道，产生朴实、自然、典雅的感觉；玻璃、不锈钢、塑料等体现出现代气息，将不同材质运用到产品设计中，就会使产品带有不同的情感倾向。

② 材料具有本质美感。

经过加工的材料丰富了设计内容，但过于强调材料变化，反而显得矫揉造作，适得其反。有时候，材料本质真实的表现更加耐人寻味，因为其表达了材料自然真实的本性。例如，著名的建筑大师柯布西耶用不加修饰的混凝土材料表达对机械美学的追求，如图 5-13 所示。设计师在运用材料时要注意材质的纯净性，将材料的本质美真实地表达出来。

图 5-13　柯布西耶的经典作品——朗香教堂

③ 材料具有生命性。

大自然是最伟大的设计师，现实生活中的许多材料来源于自然界，它们体现出自然生命的美感。这种自然生命的美感往往蕴含着深厚的历史积淀，充满沧桑感。设计师应该学会利用材料的生命性，并使这种生命性在产品中延续，使消费者产生强烈的情感共鸣，如图 5-14 ~ 图 5-15 所示。

图 5-14　有生命性的材料

图 5-15　有生命性的材料处理

④ 材料的工艺美感。

随着时代的发展，加工工艺不断革新，加工设备不断出现，对材料质感产生了重要影响，从而使形态肌理变得多样化。

（2）材料使用的原则。

① 有效利用材料。

用最少的资源制造出尽可能多的产品，同时不会对产品功能或外观产生负面影响，尽可能使用可再生、可循环利用的材料。

② 把浪费减到最少。

努力减少在生产过程中的浪费。只要有可能，就应当把生产中产生的废料用于其他产品生产中去。重复利用材料，如硬纸板、纸张、塑料、木料、金属和玻璃。

③ 关注环境保护，注意可持续发展。

人类在改变生活方式和生活环境的同时，加速了对资源的消耗，并对地球生态环境造成巨大破坏。在开发新产品的时候，设计师应该对产品对环境的影响有所反思，体现出设计师道德和社会责任心。

设计师应该用新观念看待耐用品循环利用问题，真正做到对材料的回收利用。产品在使用后尽可能回到工厂翻新或维修，以便被重新利用。在设计过程中，设计师要时刻考虑产品对环境的影响，尽量减少物质和能源的消耗，注意材料的共用性，减少不必要的材料使用和装饰，确保产品及其零部件能够被回收循环利用。

3. 不同材料的情感

材料的美在很多时候体现在对人的情感关怀上。材料与人的亲切程度是通过材料与人的熟悉程度决定的。例如，我们经常接触的传统木、瓷材料就给人朴实无华的感觉，比质地均匀的人造材料更有亲和力，如图 5-16 所示。

图 5-16　传统材料与人造材料的对比

不同材料能够表现出不同情感：

（1）石材给人古朴、庄重、沉稳、神秘的感觉。

（2）木材给人温馨、自然、环保、典雅的感觉。

（3）金属给人现代、力感、精确、冷漠的感觉。

（4）陶瓷或玻璃给人光滑、洁净、时尚的感觉。

（5）塑料给人温暖、光洁、柔韧的感觉。

北欧家具有很强的亲和力，如图5-17所示。北欧家具十分讲究使用天然材料，如木材、皮革、藤条等。一般木质家具多数不上油漆，采用磨光上蜡工艺，以保持木材的自然纹理与质感，十分简洁实用。由于利用材料自然的色彩与质感，北欧家具给人一种温馨、宜人的感受，创造出一种精致的生活情调，广受欢迎。

图 5-17　北欧风格的家具

综上所述，材料的美感在形态设计中具有重要的作用，直接影响产品的艺术风格和人们对产品的感受。优秀的设计离不开优美的材料处理，形态的美来自所有产品要素的平衡与和谐。

4. 对材料特性的合理利用

产品形态的实现要靠材料支持，认识并利用材料特性，能够帮助设计师实现对产品形态的创新。产品对材料的合理应用，如图5-18所示。

图 5-18　产品对材料的合理应用

设计师根据材料的特性，可以拓展出很多不同的产品功能，创造出更多的产品形态。

不同的材料、相同材料不同的形状都会呈现出不同的视觉特征。材料的视觉特征直接影响产品的最终视觉效果。

当下，有很多设计充分发挥了金属材料具有的塑性和弹性特征，将线型金属压制成具有特定形式的形态。形态结构简洁、合理，没有任何多余的部分，既满足用户对某些基本功能的需求，创造出快捷、便利的使用方式，又给产品加工带来方便，大大节约了成本。

5.4 产品形态与结构

结构是构成产品形态的一个重要因素。即使最简单的产品，也有一定的结构形式。如图5-19和图5-20所示，人们常见的洗衣机包含复杂的构造，需要解决一系列问题：洗衣桶如何平稳转动？桶身与箱体如何连接？电机怎样固定？内部配件如何更换？如何连接电源？如何启动？人们将不同部件进行连接、组合，构成产品最基本的结构形式，从中可以领略到产品功能必定借助某种结构形式才能得以实现。因此，可以这样说，不同的产品功能或产品功能的延伸与发展必然导致不同结构形式的产生。

图 5-19　超声波洗衣机

图 5-20　普通滚筒洗衣机

不少新的结构是在人们对材料特性的逐步认识和不断应用的基础上发展起来的。从原始社会人类使用的石刀、石斧、陶罐、陶盆到现代人使用的各种机械工具、家用电器，产品形态已经发生了根本性变化，而这些变化无不和人类对产品功能的开发和对新材料的运用并由此导致产品构造发展具有密切的内在关系。因此，构造创新是实现产品形态创新的一个重要条件。

5.4.1 结构

　　结构是根据材料的属性，使不同材料建立合理联系的组织形式。结构普遍存在于大自然之中。生物要保持自己的形态，就需要有一定的强度、刚度和稳定性结构来支撑。一片树叶、一张蜘蛛网、一只蛋壳、一个蜂窝，看上去非常弱小，有时却能承受很大的压力，抵御强大的风暴，这就是科学合理的结构在物体身上发挥出的作用。蛛网结构如图 5-21 所示。

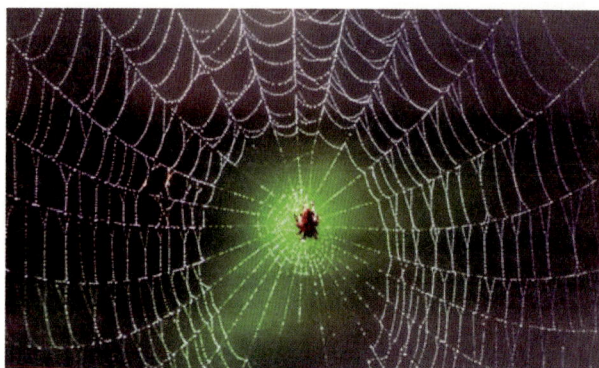

图 5-21　蛛网结构

　　在长期生活实践中，自然界中科学合理的结构原理逐步被人们认识，并最终获得发展和利用。

　　我国古代有很多结构建筑的典范，它们的力学结构科学合理，工程技术和建筑艺术体现出很高的水平。如图 5-22 所示，赵州桥以独特的敞肩圆弧拱设计、大跨度低桥面弧形结构、两端宽中间窄的桥面布局、纵向并列砌筑的建造工艺，以及精湛的雕刻艺术而著称于世，是我国古代桥梁建筑的杰出代表。

图 5-22　赵州桥

　　在形态设计中，材料要素与结构密切相连，不同特性的材料具有不同的加工、连接和组合方法，新结构也随着人们对材料的认识不断发展。

例如，用再生纸做成的鸡蛋包装盒，如图 5-23 所示。再生纸是将回收的废纸做成纸浆后加工成的纸张，内部结构松散，表面粗糙，强度较低，但通过机械压模做成薄壳形结构的鸡蛋包装盒后，强度获得很大的提高，能够起到安全保护鸡蛋的作用。

图 5-23　再生纸鸡蛋包装盒

5.4.2　产品设计与结构

结构是产品系统内部不同要素之间的联系。功能是产品设计的目的，而结构是产品功能的承担者，产品结构决定产品功能的实现。因此，产品结构必然受材料、工艺、产品使用环境等方面的制约。

1. 产品结构分类

产品结构可以分为内部结构和外部结构。

内部结构，是指由某项技术原理形成的具有核心功能的产品结构。内部结构往往涉及复杂的技术问题。对用户而言，内部结构一般是不可见的；对设计师而言，内部结构必须是明确的。设计师依据产品具有的功能进行外部结构设计，使产品达到一定性能，形成完整产品。

外部结构不仅指外观造型，还包括与此相关的整体结构。外部结构是通过材料和形态来体现的，既是形态的承担者，又是内在功能的传达者。

有时候，外部结构的改变不直接影响产品核心功能。例如，电话、电冰箱，不论外部结构如何变换，其通话和制冷功能是不会改变的。在另一些情况下，外观结构本身就是核心功能的承担者，其结构形式直接决定产品功效，如各种材质的容器。

另外，我们还应该了解空间结构。

空间结构是产品与周围环境相互联系、相互作用的关系。实体产品除自身的空间构成关系外，还存在以产品为中心的空间环境关系，也就是产品的使用环境，这一空间关系也应该被当作产品的一部分。《老子》说："埏埴以为器，当其无，有器之用。凿户牖以为室，当其无，有室之用。"这是最早的空间概念，也是实体与空间关系的最好诠释。

2. 产品结构的设计

产品在从设计到使用的整个周期中，外部结构受到的制约因素和出现的问题都是无法回避的。产品系统中的每个要素问题都会在不同阶段显现，成为工业设计过程中的问题点。产品设计涉及的范围相对较大，不同产品与不同的知识与技术有关，因此结构设计对设计师来说是极大的挑战。

设计师要做好这一点，就应该把握关键的设计方法——把握内部结构与外部结构的关系，建立整体设计观念。

内部结构与外部结构是不可分割的相互作用的整体。相对于内部结构，外部结构的变化空间大得多。设计师容易无限制地发挥外部结构想象力，而忽视内部结构的制约，后果可想而知。因此，只有正确处理内部结构与外部结构的有机关系，建立整体观念，才能设计出更加合理的产品结构。

总之，物体形态的存在依赖物体自身的结构。人们不断利用自然界中优秀的结构形式，使结构形式趋向科学性、合理性，促使事物形态发生新的变化。结构的发展对产品形态的创新具有非常重要的作用，过去被认为不能实现的结构形式在现在的产品设计中比比皆是，如图 5-24 和图 5-25 所示。

图 5-24　结构不同的凳子

图 5-25　按键手机的结构变化

5.5　产品形态与色彩

　　形态给人们传递的是视觉感受，在与视觉相关的产品要素中，色彩与其他要素不可分割，相互依存。但是，色彩的重要性有时大于其他产品设计要素。相对于其他要素，色彩更趋于感性化，其象征作用和对人情感的影响力远大于其他要素。因此，我们可以说色彩是不可取代的。

5.5.1　色彩的情感

　　色彩的感觉是一般美感中最大众化的形式，人们对色彩的情感体验是最直接的，也是最普遍的。色彩能够明显地影响人们的心理体验，使人产生各种情感。同时，人们赋予色彩种种象征意味，即用色彩作为符号，传递某种意思和内涵。

　　人对色彩的情感体验来自对色彩物理属性的直观感知，即对色彩三种属性——色相、明度、纯度——的感觉体验。在产品设计中，即便三种属性完全相同的颜色，也可能由于材料质感、肌理及产品使用背景、位置等不同给人不同的感觉，让人产生不同的情感体验。

　　根据色彩给人温度感觉的不同，可以将色彩分为冷色和暖色，暖色使人感觉物体膨胀，而冷色使人感觉物体收缩。色彩能够影响人们对物体重量和体积的感受，深色使人感觉物体比较重，浅色则使人感觉物体比较轻。色彩还能够给人不同的距离感，暖色较冷色有更强的前进性，亮度高、纯度高的色彩也具有更强的前进性。色彩还能够直接影响人的情绪，鲜艳的色彩一般与动态、快乐、兴奋的情绪关系密切，而朴素的色彩则与宁静、抑制、静态的情感关系密切。

5.5.2 色彩的心理特征

1. 色彩的通感

人们看到建筑细节呈现出重复与变化的时候会联想到音乐重复与变化的节奏，听到轻柔飘渺的音乐会联想到薄薄的半透明的色彩，这就是通感。

通感就是把不同感官的感觉沟通起来，借联想引起感觉转移，即"以感觉写感觉"。设计师运用通感技巧，能够突破色彩局限，丰富设计的审美情趣，增强艺术效果。

色彩的通感分为以下几种。

（1）色彩的温度感：暖色给人积极向上的感觉，冷色让人感觉寒冷和消极，如图5-26所示。

（2）色彩的距离感：暖色近，冷色远；纯色近，灰色远，如图5-27所示。

（3）色彩的重量感：暗色重，亮色轻，如图5-28所示。

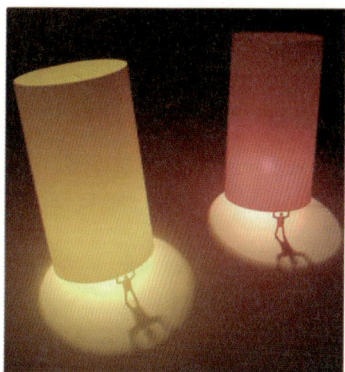

图 5-26　温度感

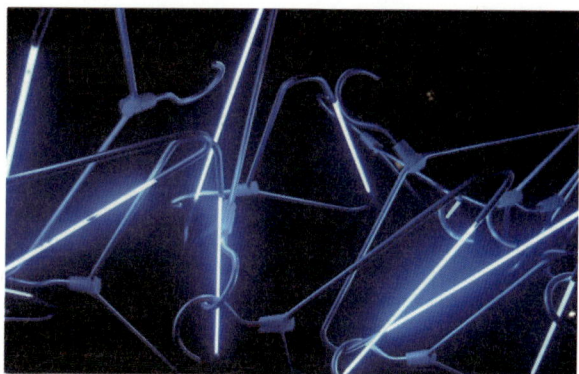

图 5-27　距离感

图 5-28　重量感

2. 色彩的联想

色彩能够给人带来不同的联想，但不同的人对同一种色彩产生的联想不同。色彩联想既有共性又有个性，设计师在设计产品的时候需要充分了解市场。

（1）红色和橙色使人兴奋，可以联想到热情、活跃、燃烧、沸腾。

（2）黄色具有阳光感，可以联想到温暖、祥和、希望、明亮。

（3）蓝色具有深邃感，可以联想到严肃、沉着、静止，并令人遐想。

（4）绿色是自然界的颜色，也是人们喜爱和乐于接受的色彩，可以联想到生长、舒适、青春、安全、健康。

（5）紫色具有高贵感，可以联想到高尚、雅致、阴沉。

（6）黑色具有停止的感觉，可以联想到静止、失望、恐怖、有力、封闭。

（7）白色是清新洁净的颜色，可以联想到清洁、单纯、空旷、开放。

（8）灰色是雾蒙蒙的中性色，可以联想到模糊、隐蔽、柔弱、寂寞。

以上列举了几种有代表性的色彩，它们的表现力是概念性的，各种色彩属性的变化会让人产生不同的感觉。例如，红色中最明亮和温暖的是朱红，而同样红色系中的玫瑰红，热烈程度就明显减弱。因此，色彩是在各种要素的相互关系中存在的，受面积大小、周围色彩与使用环境的影响。色彩的联想是人们对色彩感知后，结合生活中的体验感受到的。

3. 色彩的象征

自古以来，人们将对色彩的运用和其象征意义联系在一起，成为人类文化的一部分。色彩的象征作用是明显的，也是非常微妙和复杂的。色彩可以代表不同的国家和地域，还可以区分不同的文化背景。人类对色彩的直观感受存在很多共性，这正是色彩产生象征作用的基础。色彩的象征作用产生于联想，不同的色彩联想有不同的象征作用。

（1）红色是具有强烈情感的色彩，可以象征团结、爱情、革命。由于最引人注目，红色也可以代表危险。

（2）黄色象征富有、欢乐、辉煌，但在阿拉伯国家象征灭亡。

（3）蓝色如浩瀚天际，象征永恒、理智。

（4）绿色充满青春活力，象征青春、和平、安全。

（5）白色象征纯洁、清白。

（6）黑色是沉稳、厚重、哀悼的象征。

要将色彩的象征作用用于产品设计，除掌握色彩基本原理外，还要对人的认知心理进行研究。随着社会的变迁，人性化因素在不断增加，产品色彩逐步从功能性走向情绪化，使产品色彩具有时代象征意味。

5.5.3 色彩设计的方法

1. 色彩与形态设计

人在观察产品时，色彩是最先被感知的，具有比形态更强的视觉冲击力，但起主导作用的是形态，因为色彩只是附于形态之上起附加的作用。

色彩与形态是不可分离的，相互依存。世上没有无色彩的形态，也没有无形态的色彩。形态的视觉语言和色彩的视觉语言相配合，可以增强产品的表现力。例如，设计体量大的产品，在选配色彩时就采用明度低、彩度低的暖色，使其力度和重量感得到加强，反之就会降低产品的体量感。

（1）色彩与形态设计的关系。

① 色彩可以改变形态的体量感。如上所述，体量小的形态若要有力度感，必须采用低明度、低纯度的颜色。

② 色彩可以使形态伸缩。例如，高明度、高彩度的色彩有扩张感，低明度、低彩度的色彩有收缩感。

③ 色彩可以使形态满足不同的消费心理。不同的人因为性别、年龄、文化程度、性格、爱好不同，对同一色彩会有不同的感受。

④ 色彩可以使产品带有识别性。色彩配合企业的整体形象，可以为产品烙上深刻的企业印记。

⑤ 色彩可以提高形态的档次。金色、银色等色彩的应用，可以给产品增加高贵感和雅致感。

（2）色彩与形态搭配的方法。

① 用不同色彩表现同一造型，形成产品的纵向系列，如图 5-29 所示。

图 5-29　产品的纵向系列

② 用不同色彩对同一造型进行分割。

　　根据产品的结构特点，用色彩强调不同的部分。这种色彩处理方法会在视觉上影响人对形态的感觉，即便是同一造型的产品，也会因为色彩变化而使人对形态的感觉有所不同，如图5-30所示。

图 5-30　色彩不同的同一产品

③ 造型和型号不同的产品使用同一色系，如图 5-31 所示。

　　该方法形成产品横向系列，使产品具有家族感。该方法可以很好地树立品牌形象，是强化企业形象的通行手段。

④ 用色彩进行模块区分，如图 5-32 所示。

　　随着时代的发展，产品彩色化的倾向趋于明显，打破传统习惯，利用色彩与形态的配合创造强烈的品牌形象，已经成为产品设计的一种有效手段。苹果 G3、G4 计算机的外观设计突破了人们对该类产品的认识，一改计算机产品固有的充满理性意味的形态与色彩，赋予产品充满感性意味的面貌，如图 5–33 所示。

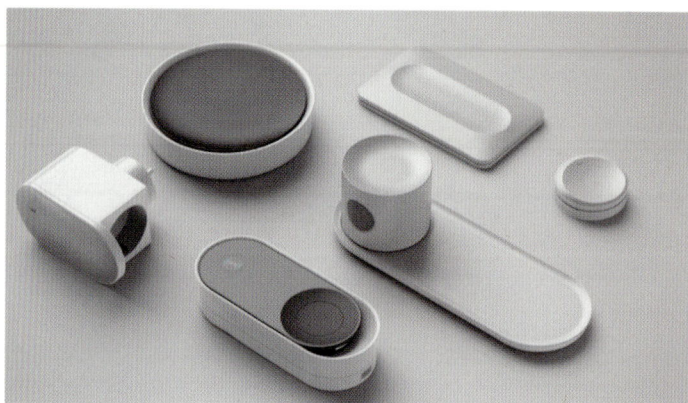

图 5-31　同一色系的产品

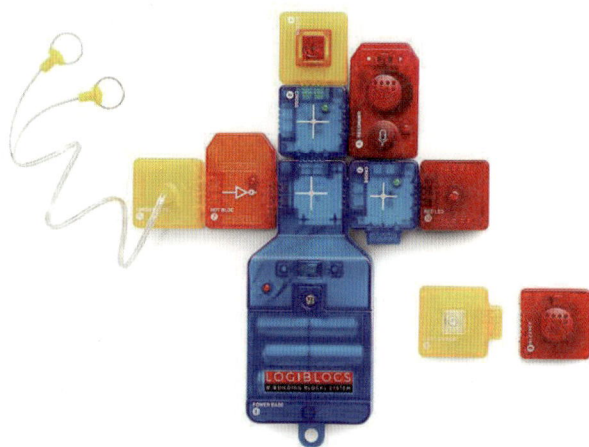

图 5-32　用色彩进行模块区分

图 5-33　苹果计算机的色彩应用

2. 色彩与功能

色彩原理和特性被设计师用来辅助实现产品功能。色彩同形态一样，具有传达语意的功能。在进行产品设计时，设计师往往将色彩与形态一同视为符号，利用色彩符号的暗示功能，传达自己的意图。在这方面，色彩比形态具有更大的优势。在传达语意上，色彩表达一般很明确，不像形态那样带有模糊性。

色彩与产品功能的关系通常表现在以下三个方面。

（1）将色彩与形态相结合，对某种功能进行暗示。例如，将电器的按钮用色彩加以强调，暗示其功能。

（2）用色彩制约和诱导行为。例如，红色表示警示，绿色表示畅通，黄色表示提示。

（3）用色彩象征功能。象征功能的色彩有些是根据色彩本身的特性决定的，有些则是约定俗成的。例如，我国邮筒用的是邮政专用绿色，有些国家的邮筒则用红色。

总之，设计师在设计色彩时要从企业总体目标出发，以理性的、定量化的方法对使用的色彩要素进行统一控制和管理。首先，对产品和部件进行色彩标准化控制；其次，根据企业形象战略的需要，制订统一色彩计划，控制企业活动各个方面，使公众对产品有统一的色彩印象。

5.6 形态主动性与被动性

人类最初的产品设计是被动顺应人的需求和产品功能。后来，人们注重产品功能和审美的结合，设计成为主动自觉进行的工作。形态主动性与被动性的变化，受人们的审美意识、生产技术和经济发展水平限制。功能与装饰的主次关系、材料加工水平，以及不同时代审美观念的变化，都会对形态的主动性产生影响。

被动形态是纯粹为满足需求、实现功能而产生的形态，是被动满足需求和实现功能的无修饰的形态形式，如图 5-34 所示。主动形态除实现满足功能需求的形态结构外，还主动修饰或掩饰某些粗陋结构，如图 5-35 所示。

图 5-34　纯粹满足功能需求的水龙头

图 5-35　经过设计加工，带有明显艺术性的水龙头

■ 小结

　　本章讲述了形态设计与产品各要素的关系，可以让同学们了解材料、结构和使用方式给产品形态设计带来的影响，以及色彩给形态带来的生命力和情感变化。同学们应该学会以不同要素为出发点，以点带面进行形态设计；在产品设计时更多地关注各要素关系的协调，更深入地理解产品形态设计。

■ 习题

　　1.用四个单体组合成一个正方体，并思考其连接方式，要求形态与形态之间的结合十分自然。

　　2.观察不同结构形式给产品形态带来的变化。

　　3.收集某类产品资料，看看采用金属、塑料或新型材料等不同材料，对消费者产生的影响。

　　4.利用色彩设计方法，拟订一套产品色彩方案，产品种类不限。

第 **6** 章

形态设计的语意特征

教 学 目 标

📖 了解形态语意的概念，重点掌握形态语意与形态设计的关系。

📖 了解形态语意的内容，掌握外延性语意和内涵性语意的范围。

📖 把握好影响形态语意的因素，为今后的设计工作打下基础。

　　产品语意是试图通过一定的形式来表明产品"是什么"或者"如何使用"。目前市场上的大部分产品是通过说明书来指导人们如何使用的，而产品语意则努力通过产品形态来传达这些细节。设计师运用外形、肌理、材料和色彩来传达意义，使用语意代替纯粹样式上的变化，创造出可以让人们理解并富有魅力的产品。语意的最终目的是使产品成为与消费者直接沟通、传达消费者情感的媒介。

　　产品语意学的引入为形态设计开辟了新的思路。它鼓励设计师超越传统的说明书式指导方式，通过产品的形态、肌理、材料和色彩等视觉元素来传达产品的功能、用途及设计理念。这种设计方式不仅使产品更加直观易用，还能增强产品与消费者之间的情感联系，使产品成为传递情感、建立品牌认同的重要媒介。当将传统象征符号与产品语意学相结合时，设计师可以通过形态创新来诠释和传承传统文化，使产品在具有现代感的同时，充满文化韵味和历史厚重感。

　　这种结合还促进了对设计师创新能力和实践精神的培养，也激发出了设计师的创新精神和实践勇气，使设计师敢于尝试新的设计理念和形态语言，不断推动形态设计的创新与发展。同时，宣传和普及产品语意学和传统象征符号知识，使大众能够更加深入地理解设计的内涵和价值，学会从多个角度欣赏和评价设计作品。这种提升不仅有助于推动设计行业的整体发展，还能促进社会文化的繁荣和进步。

将产品语意学理念与学习传统象征符号激发的民族自豪感、文化自信及设计创新思考相结合，是一种具有深远意义的设计实践。它不仅有助于提升产品的市场竞争力和文化内涵，还能促进对设计师创新能力和实践精神的培养，以及大众设计素养和审美能力的提升。

6.1 符号与设计符号

6.1.1 关于符号

因为生存的需要，人类一直不断地寻找交流和表达形式，如原始的绘画、文字、音乐等媒介，这些有意义的媒介其实就是符号。符号是记号、指号、代码，是负载和传递信息的中介，是认识事物的一种简化手段，显示某种意义。我国古代的太极图、甲骨文及其他象形文字都是一种符号形式，如图6-1所示。符号是一个抽象的概念，是一种具有表意功能的传达手段或媒介。

图 6-1　太极图、甲骨文及其他象形文字

符号作为人类交流的核心工具，在生活中的重要性不容忽视。无论是视觉、听觉还是嗅觉

的感官体验，符号都是通过一种抽象的形式传递信息和意义，不仅超越了物质世界的界限，还能够触动人的内心和思想。特别是在传统文化中，符号通过不同形式展现出深厚的文化底蕴，承载着社会的集体记忆和智慧。

传统艺术符号通常可以分为三种，即图像性符号、指示性符号和象征性符号，每种符号都反映出不同的符号学机制和文化传承方式。

1. 图像性符号

图像性符号基于形象相似性和模仿现实物体来表达意义。这种符号形式具有直观性，能够通过与现实对象的相似性来传达信息，因此被认为是最基础的符号形式，如图 6-2 所示。正如皮尔斯所指出的，"每幅图片都是一个图像符号"，这种符号形式直接而易于理解。在产品设计中，设计师通过图像性符号来传递产品的核心概念和功能，使消费者能够通过视觉直观地感知产品用途。

图 6-2　图像性符号

图像性符号的表现形式可以是写实的，也可以是抽象的，具体运用方式主要有以下几种。

（1）表现方式。

这种方式完全模仿现实对象，极为写实。例如，在传统的动物图腾中，通过栩栩如生的动物形象来传递力量与神秘的意义，如图 6-3（a）所示。

（2）类比方式。

这种方式通过虚拟对象或形象表达抽象的概念。例如，将动物形象与神灵结合，象征神圣与超自然力量，如图 6-3（b）所示。

（3）几何方式。

这种方式通过角度、比例等几何关系表达对象的核心意义。传统的几何图案常常将写实形象进行抽象化处理，从而赋予其更深的象征意义，如图 6-3（c）所示。

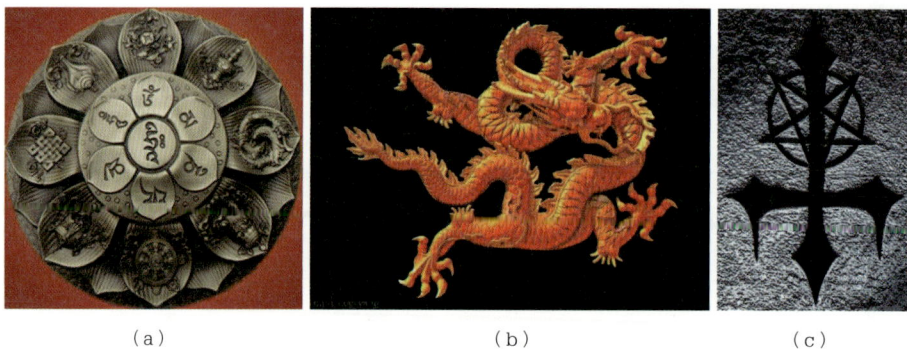

（a）   （b）   （c）

图 6-3　图像性符号的表现形式

2. 指示性符号

指示性符号通过符号形式与其表达的意义之间的因果关系来传递信息。这类符号并不依赖简单的视觉相似性，而是通过逻辑推理和因果关系让人得以理解其内在意义。它的运作机制基于人们对符号形式和现实之间的真实关联的认知。例如，烟火指示火源的存在，钟声则指示时间的流逝。

指示性符号可以分为以下几类。

（1）机能性指示符号。

机能性指示符号通过其物理功能来表达意义。所有与功能相关的设计构件都可以归为此类，如机械设备中的指示灯，通过灯光颜色来传递设备状态信息。

机能性指示符号，如图 6-4 所示。

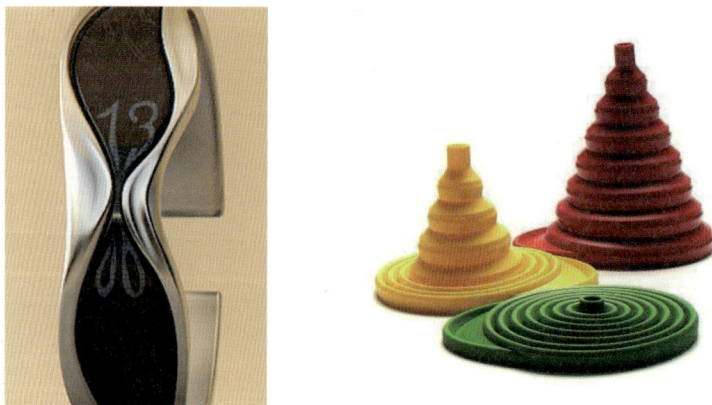

图 6-4　机能性指示符号

（2）意念性指示符号。

意念性指示符号通过某一形式表现出特定意念或概念。这种符号类型在建筑和环境设计中尤为常见。例如，通过一组排列的柱子来象征稳定性或力量。意念性指示符号，如图 6-5 所示。

（3）制度化指示符号。

制度化指示符号源自社会制度和传统符号。例如，交通标识，这种符号通过社会共识形成明确的意义，指示交通行为规范。

指示性符号通常隐含在物质形式之中，需要通过观察、推理和背景知识来解读其深层含义。它们不仅具有视觉上的表现力，还承载着复杂的文化和制度背景。

制度化指示符号，如图 6-6 所示。

图 6-5　意念性指示符号

图 6-6　制度化指示符号

3. 象征性符号

象征性符号是最为复杂和抽象的一种符号类型，符号的形式和意义之间没有必然的联系。象征性符号通过约定俗成的文化规则或社会共识来获得解释。例如，在中国文化中，龙象征权力和祥瑞，但龙的形象本身与权力并无直接联系，而是通过长久的文化积淀形成的象征意义。

象征性符号有以下两种常见的表达方式。

（1）简单象征。

简单象征借用 B 事物来表达 A 事物的含义，这是一种直截了当的表达方式。例如，鸽子象征和平、火炬象征自由。

（2）综合性象征。

综合性象征是一种更为复杂的象征方式，将多个象征联结在一起，生成新的意义。通过比喻和联想，符号超越了其表面上的意义，进一步发展为更具有艺术性和创意性的表达方式。

象征性符号的力量在于能够超越具体的物理形态，通过文化习惯和历史传承在人们心中产生共鸣。在产品设计中，设计师经常用象征性符号赋予产品特定的文化意义，从而提升其情感价值和市场吸引力。

作为信息传递和意义表达的独特载体，符号在人类文化和设计实践中占据重要地位。图像性符号、指示性符号、象征性符号，符号学的三大分类揭示了不同符号形式在传递意义上的多样性和深度。在现代设计中，符号不仅是美学装饰，还是文化和情感的表达工具，能够从视觉、功能和文化多重维度影响人们的认知与体验。

6.1.2　设计符号

作为一种复杂而引人注目的符号形式，设计符号在设计领域中扮演着信息传递和文化表达的重要角色。它不仅是设计信息的物质载体，还通过视觉经验、文化背景等要素，在设计师与消费者之间建立起沟通的桥梁。设计符号的核心在于其象征性和修辞性，其依赖视觉刺激、视觉经验和视觉联想来传递信息和意义。

1. 设计符号的意义来源

设计符号能够有效传播的基础是约定俗成的符号规则，这些规则源自人们的生理、心理、行为等稳定特征，以及社会文化、自然条件和经济技术的发展。符号形式与意义的约定关系，通过多个维度得以建立。

（1）人的生理特征。

人的基本生理特征具有稳定性，因此符号的设计可以基于人的感官和生理反应。例如，特定的形态、色彩和材质会引发人们相对一致的感官体验，设计师可以利用这种约定性来实现符号的意义表达。

（2）人的心理特征。

设计符号还基于心理因素进行传递。设计师通过对用户心理需求的了解，在符号中嵌入特定的情感或象征意义，可以让用户在使用产品的过程中产生情感共鸣。

（3）人的行为特征。

人类的行为模式往往具有一定的规律，设计师可以利用这种规律为特定环境设计符号。例如，公共空间中的符号设计往往与人的行为规律相契合，可以帮助人们快速了解空间的功能。

（4）社会文化的约定。

符号的意义深受社会文化背景、伦理道德和人们的生活方式的影响。例如，我国传统文化中的符号，如龙凤，承载着特定的文化内涵和社会价值观。

（5）自然条件的约定。

不同的地理环境和自然条件促使人们在设计中因地制宜。例如，北欧的简约设计风格是受到当地寒冷气候的影响，设计师常用冷色调和简约线条来体现环境特征。

（6）经济技术的约定。

技术进步和经济条件的变化会赋予设计符号新的形式和意义。设计符号不仅反映当代技术的进步，还体现产品在新经济环境中的适应能力。

2. 设计符号的传达过程

设计符号的传达是设计师与消费者之间通过符号进行信息沟通的关键过程，主要包括编码和解码两个步骤。

（1）编码。

设计师在明确需要传递的信息后，通过产品的形态、颜色、材质等设计元素，将这些信息进行符号化编码。编码的过程是设计师思想与情感的物化，设计师将设计符号嵌入产品中，使产品成为满载信息的物质载体。在这个过程中，设计师不仅在物质层面上做出选择，还融入了主观情感和文化价值。例如，线条的变化可以象征动态与静态，色彩的冷暖可以传递情感。

（2）解码。

消费者接触到产品后，通过视觉、触觉等感官体验对设计符号进行解码。消费者根据自己的文化背景、生活经验和情感需求，将产品的符号形式还原为可以理解的意义。这一解码过程复杂多变，受制于解码者的个人经验、文化认知及环境影响。因此，不同消费者可能对同一设计符号产生不同的理解与反应。

设计符号的传达效果不仅依赖设计师的编码技巧，还与消费者的解码能力密切相关。消费者如果对设计师的符号表达缺乏共鸣，解码结果就可能偏离设计师的初衷，从而导致信息传递失效。

3. 设计师与消费者的认知差异

设计师与消费者之间的认知差异是设计符号传达过程中的一个重要问题。设计师在设计中运用大量新的符号和形式可能导致信息过载，使消费者无法及时了解复杂的符号内涵。人类认知倾向于在复杂的信息中寻找熟悉的模式，并利用已有的知识经验来"完型"了解新信息。因此，当符号过于陌生或信息过于复杂时，消费者可能对设计产生困惑，导致传达失败。

相反，消费者过于熟悉的符号设计缺乏新鲜感。如果设计师仅使用消费者熟悉的符号和形式，消费者就容易失去对产品的审美兴趣，认为设计过于平淡，从而导致审美疲劳。

因此，成功的设计符号应该在创新与可解性之间找到平衡，既能让消费者快速了解符号的核心信息，又能在设计中融入适度的创新元素，保持其新颖性和吸引力。

作为设计信息和设计理念的物质载体，设计符号既是一种复杂的文化表现形式，又是一种重要的沟通工具。设计符号的意义来源于生理、心理、行为、自然、经济技术等多种要素的社会约定，而符号的传达通过设计师的编码和消费者的解码来实现。然而，设计师与消费者之间的认知差异可能导致信息传递失效或设计符号被误读。因此，设计师在进行符号设计时，必须考虑到消费者的认知能力与文化背景，确保符号的表达既具有创新性，又能够被有效理解。这一过程不仅关乎符号的物质形态，还涉及人类在文化、情感与认知方面的深层互动。

6.2 产品语意设计

6.2.1 产品语意的概念

在设计领域中，产品语意是设计师的一种设计语言，是指设计师对产品的形态、色彩、质感等元素进行编码，通过包含设计编码的产品传达一定的信息和意义，向使用者传递社会、心理及使用层面的内容。这一理论的核心是，产品设计并非只是功能性的体现，而是设计师通过符号化的视觉元素表达自己的意图，并引导使用者在视觉和情感层面与产品进行互动。这一理论的核心是产品设计并非只是功能性的体现，而是设计师通过符号化的视觉元素表达自己的意图，并引导使用者在视觉和情感层面与产品进行互动。

在产品设计中，产品语意帮助设计师通过形态设计向消费者传达信息。例如，设计师可以利用外形、结构特征、色彩、材质和质感等元素来提示产品的功能、情感和社会定位。通过这些符号化的设计语言，消费者能够迅速了解产品的用途、操作方式及潜在的情感含义。

产品语意的有效运用可以增强使用者对产品的了解和体验。例如，一款电子产品通过对流线型设计和冷色调的使用，可能暗示科技感和现代感；一款家具的圆润边角和温暖色调则可能传达出舒适和亲切的感觉。这种通过视觉符号传递的产品语意，不仅能帮助消费者更快地了解产品的功能，还能与其内在的情感需求产生共鸣。

产品语意学强调设计中的视觉符号具有广泛的文化共识。例如，人们在长期的社会实践中，对不同符号形成了固有的认知，设计师可以基于这些认知来设计产品符号，并利用普遍的文化认同来增强产品的易懂性和可接受性。

产品语意学的发展建立在符号学理论的基础上。符号学研究符号及其意义，是产品语意学的理论框架。在符号学中，符号通过能指（符号的物质形式）和所指（符号代表的意义）来实现信息的传递。在产品语意学中，产品的形态、颜色、材质等设计元素作为符号的"能指"，其传递的意义是"所指"。设计师通过对产品符号的编码，将特定的社会意义和情感信息嵌入产品中，消费者通过解码这些符号，解读出产品隐含的信息。

产品语意学借助符号学理论，研究如何通过视觉符号传达产品信息，以及如何通过设计符号构建使用者与产品之间的互动体验。在这一过程中，设计师需要充分了解符号在文化和心理层面的意义，并通过设计语言巧妙地将这些意义传递给消费者。产品语意学不仅关注产品的功能性，还关注产品在社会层面和心理层面上的意义表达，进而增强消费者的体验与产品的文化价值。

6.2.2 产品语意的层次

1. 产品的外延性语意

随着信息技术与智能化的发展，现代产品的造型设计逐渐摆脱传统形式的束缚，设计师越来越依赖符号和形态语言来引导消费者了解和操作产品。这种变化需要设计师重新思考如何通过符号传递产品的功能与操作方式，使产品在复杂的技术背景下依然能够被消费者轻松了解和操作。

产品设计的外延性语意，主要通过感知和知觉阶段来引导用户的操作行为。这种语意关注的是如何让产品更加易于操作和被消费者接受。设计师在此基础上形成了"效能性"的设计原则，即产品必须具备清晰的操作提示与反馈，让消费者通过符号引导自然而然地了解产品的功能与操作方式。

将符号认知的产品语意学思想应用于产品设计的核心在于通过视觉交流的象征，体现一定程度的"行动经验"。也就是说，产品的每一个部位、每一个操作元件（如旋钮、开关）都应该"说话"，通过自身的形态、色彩、结构、材料和位置等元素传达操作的意义。产品形态不仅要表达其功能，还要通过形态暗示正确的操作方式。这种符号与形态的联想增强了消费者对产品的直观认知，使其无须依靠文字说明即可明白如何操作。

（1）体现功能与特性。

产品形态设计应该直观地表达产品的用途。例如，香水瓶与酒瓶通过造型的明显差异来暗示其功能，而红酒瓶和啤酒瓶通过微妙的形态变化来帮助使用者进行区分，如图 6-7 所示。

香水瓶   红酒瓶和啤酒瓶

图 6-7 瓶型暗示内容

（2）形态暗示操作方式。

设计师可以通过产品形态的各种细节设计传达产品的操作方式。例如，园艺剪刀的把手设计为手指负形，并增加摩擦纹理，不仅增强了握持的舒适感，还通过形态直接提示握持和操作的方法，如图 6-8 所示。

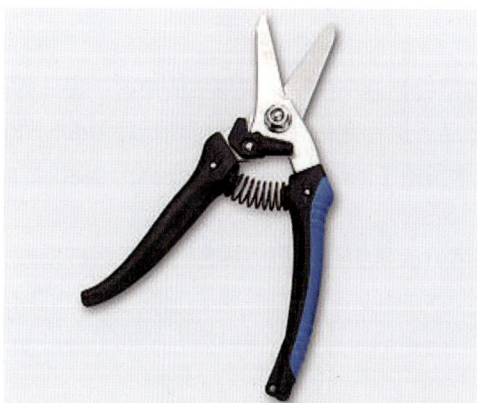

图 6-8 园艺剪刀

（3）因果联系暗示操作。

设计师通过产品形态上的因果联系，如旋钮周围的凹凸槽或细纹，传达调节的精度，或者通过容器开口大小暗示其所盛物品的贵重程度。这些设计细节可以帮助用户更直观地了解产品的功能，如图 6-9 所示。

图 6-9　按钮形状暗示使用方式

（4）表面质地和颜色的暗示。

表面纹理、质地和颜色也是传达产品使用方式的重要手段。

不同的材质能够传达不同的语意。例如，金属材质给人坚固与可靠的感觉，塑料材质则给人轻便与经济的感觉。设计师通过对不同材质的选择，可以影响使用者对产品功能的判断。另外，操作性工具产品通过增加表面纹理方向或质感，增强使用者的触觉反馈，提示操作的方向，如图 6-10 所示；网状空槽设计通常用于通风或散热的部位，无须文字说明就能让使用者轻松了解其功能，如图 6-11 所示。

图 6-10　纹理暗示操作

图 6-11　用于散热的网状部位

色彩在形态设计中也扮演着重要角色。色彩在产品设计中通常用于表达功能，如红色常用于表示危险或停止，而绿色用于提示安全或启动。通过色彩的明示性，设计师可以迅速让用户了解产品的功能。例如，传统相机通常使用黑色外壳，不仅强调其避光性，还传达出产品的专业性和精密感。色彩通过视觉刺激与使用者产生情感联系，使其对产品的功能和用途产生直接的联想。

2. 产品的内涵性语意

内涵性语意指产品蕴含的社会文化、个人意识形态及情感。作为一种感性认知，它关乎产品的物质功能，更重要的是其象征价值。设计师通过形态设计，使产品不仅是工具或消费品，还体现出心理性、社会性和文化性等更深层次的意义，如图 6-12 所示。

图 6-12　内涵性语意

（1）内涵性语意与外延性语意的对比。

相较于外延性语意的功能性和直接性，内涵性语意具有更多维度和开放性，主要表现在以下几个方面。

① 多维性。

内涵性语意通过设计中隐含的文化、情感与象征性价值，与不同用户产生不同的互动和联想。具有不同背景的用户对同一产品可能产生截然不同的感知和理解。

② 主观性。

内涵性语意依赖用户的主观联想，是一种有意识的认知，与用户的感觉、情绪或文化价值交汇时，形成独特的象征意义。

③ 非固定性。

产品的内涵性语意不会与其物质属性形成固定的对应关系。面对不同的用户，产品会引发多样化的文化和情感联想。

（2）内涵性语意的三个层次。

内涵性语意可以分为三个层次，即感性层次、表意层次和叙事层次。每个层次都通过不同的设计要素，与消费者的情感、身份和文化产生互动。

① 感性层次——直接情感与感觉体验。

感性层次是最浅显的认知层面，主要体现为消费者对产品形态、色彩和材料的直接情感反应。在这一层次上，产品通过形态语言唤起人们的情绪联想，如愉悦、冷酷、温暖等。这种联想通常是非功利性的，更倾向于通过符号化的造型特性引发感性体验，如图 6-13 所示。

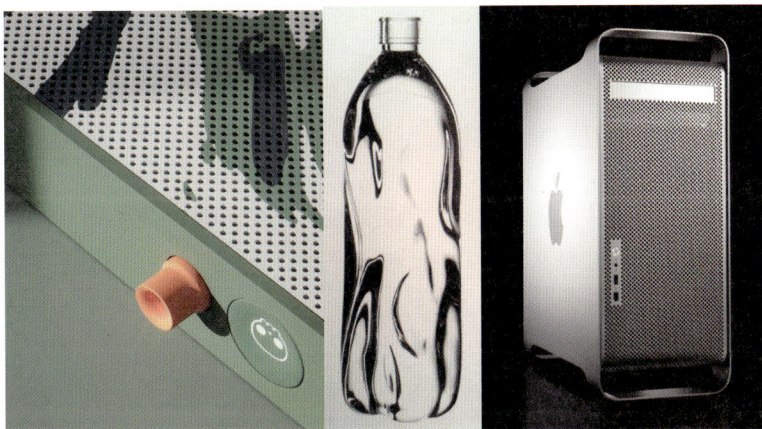

图 6-13　内涵性语意的感性层次

消费者通过产品的外观、材质等产生积极或消极的联想。例如，简洁的设计可能传达出一种现代感，而繁复的细节设计可能让人产生传统和经典的感觉。

这一层次的认知更多是基于情感和感觉，而非实际功能。设计师在这一层次通常注重形态符号与情感的关联，如产品表面的纹理、材料质感会引发消费者的联想，使其逐渐形成对某类产品的感性印象。

② 表意层次——身份象征与品牌特性。

表意层次更深层次地关注产品传递的社会身份、象征意义和品牌特性。在这一层次，产品不仅是功能性工具，还承载着消费者的身份认同和社会地位。设计师通过形态和符号反映流行趋势和社会共识，并通过这些形式要素唤起消费者与社会功利内容相关的感性态度，如图 6-14 所示。

图 6-14　表意层次

产品设计语言可以通过特定符号传达出用户的身份地位。例如，奢侈品牌的产品不仅是一件物品，还象征拥有者的财富、地位和品位。

在设计中隐含的符号与品牌形象紧密相关。例如，苹果的产品设计以简约、现代为特点，给人科技创新、时尚和高端的品牌印象。

③ 叙事层次——文化象征与历史背景。

叙事层次涉及产品设计中的深层文化与历史意义。消费者通过个人经历与社会背景，对产品产生特定的文化感受与象征意义。设计作品不再仅是功能性或身份象征的载体，还成为文化故事的讲述者，承载着历史与社会的记忆。

许多产品设计融合深厚的传统文化，如中国传统符号元素常常出现在现代设计中，传递出特定的文化象征意义。例如，"上上签"牙签的设计，通过对中国祈福文化的传达，使人联想到深厚的文化底蕴和传统信仰，如图 6-15 所示。

图 6-15 "上上签"牙签

这一层次的内涵语意通过设计作品将个体经验与社会背景结合起来，实现个人与社会的交互。用户通过对产品的使用，不仅体验到实用性，还唤起对特定文化或历史的情感共鸣。例如，一个具有历史背景的家具设计，可以让用户产生文化认同，甚至自我阐释。

（3）设计中的内涵性语意——物质与意识的融合。

内涵性语意通过产品设计，反映物质与意识的双向互动。设计引导消费者对产品的情感和文化认知，而消费者的体验反作用于设计，促使设计师调整方向。这种相互影响在设计实践中表现为"物质影响意识，意识影响物质"。

例如，产品设计中的文化元素，如中国传统符号和意象，影响消费者的文化联想，而这些设计也受到消费者反馈和接受度的影响。设计不仅是形式的创造，还是文化与情感的传递与融合。

内涵性语意作为产品设计中的感性认知，体现了产品的多维度象征意义。产品设计通过感性层次、表意层次和叙事层次，不仅在物质功能上满足了消费者的需求，还在文化、历史和社会层面与消费者产生深刻的情感互动。设计师通过符号、形态和材质，赋予产品更多的文化内涵，使产品成为传递社会与个人价值的重要媒介。

6.2.3　传统文化与产品形态语意

设计是文化艺术与科学技术结合的产物。艺术与科技作为广义文化的组成部分，两者共同作用于设计，影响其发展。文化作为人类社会在历史实践中积累的物质文明与精神文明的总和，具有强烈的传承性，无法逆转。

虽然设计师和艺术家总是试图摆脱传统文化的束缚，创造出属于自己的独特艺术风格，但传统文化如影随形，深刻影响着艺术与科技的发展，进而影响现代设计。事实上，无论是艺术还是科技的发展，均不可避免地受到传统文化的影响，体现出文化在设计中无处不在的传承作用。图 6-16 为受传统胡桃按摩启发设计的保健球。

图 6-16　受传统胡桃按摩启发设计的保健球

传统文化并非故步自封或与现代脱节，它不仅包括人类文明过去的精华成果，还涵盖现代社会人类在实践中的文明创造。换句话说，今天的文化会成为明天的传统文化。因此，传统文化不仅是过去文化的遗留，还是未来文化发展的基础。

传统文化不断发展、演化，并不是单纯过时或陈旧。传统文化中落后的部分早已被淘汰，留下来的都是对现代和未来仍然具有深远影响的精华部分。设计师和艺术家在创造新文化的过程中，虽然致力于突破传统，但不可避免地从传统文化中汲取灵感。这种传承与创新的交替，是文化发展不可或缺的动力。

1. 中华传统文化对产品设计的影响

中华民族拥有博大精深的传统文化，中华传统文化不仅是一种遗产，还是一种丰富的资源。

数千年的历史积淀产生了多元的民族文化与艺术形式，这些文化与艺术造型、哲学与美学内容为设计师提供了无尽的创作源泉。中华传统文化在艺术与设计中表现出高度的包容性和持久性，无论是传统的造型艺术还是哲学思想，都为设计领域提供了深厚的文化积淀。例如，传统的山水画和书法艺术中对线条和空间的处理方式，深深地影响了现代设计美学理念。中华传统文化中的儒道思想、阴阳平衡等哲学理念，对现代设计思想的启发尤为明显。设计师在创造产品时常常会结合这些哲学和美学观念，形成具有东方文化特质的设计风格。

2. 传统文化对产品设计的推动作用

传统文化不仅是设计中的符号或元素，还是一种思维方式、一种内在逻辑，对现代设计产生了深刻的影响。

设计中的传统文化不仅体现为具体的艺术形式，还表现为精神延续。设计师采取将传统文化符号与现代技术结合的方式，将古老的文化精神融入现代生活，形成具有当代意义的设计作品。随着信息技术与设计智能化的发展，设计师不再局限于传统材料和形式，而是利用现代科技手段，将传统文化中的哲理、符号通过创新的形式展现出来。例如，在智能产品的外观设计中，设计师常常借鉴传统文化简洁、对称等美学原则，同时融入科技元素，形成新颖的设计风格。

3. 传统文化在形态语意中的延续

传统文化在形态语意设计中的延续主要体现在三个方面，即"形"的延续、"神"的延续和形神兼备。这些方面既体现了传统文化的外在表现形式，又蕴含深刻的精神内涵，在现代设计中仍然具有重要的指导作用。

（1）"形"的延续。

在形态设计中，"形"的延续是文化传承的外在表现形式。形体是设计的基本框架，通过形态的延续能够传递文化的生命力。在文字诞生之前，人类就已经开始使用图形符号表达情感与思想，新石器时代的彩陶纹样和岩画符号便是早期文化认知的形态表现。随着历史的发展，这些图形经历科学技术的演进与外来文化的融合，逐渐形成中国特有的造型艺术体系。

这种造型艺术体系不仅凝聚了中华民族几千年的智慧精华，还传承了独特的艺术精神。例如，凤纹、云纹、鱼纹等传统图形在各个历史时期的发展演变脉络都可以清晰地追溯。在现代设计中，这些图形符号的延续是对原始母体的继承，同时是对外在形态的创新与拓展。

图6-17~图6-18为"形"的延续的典型案例。

图 6-17　香台设计——上山虎

图 6-18　香台设计——断桥残雪

（2）"神"的延续。

"神"的延续体现在设计中包含的精神内涵与文化价值。虽然形态在不同时期可能发生变化，但其仍然保持着独特的精神气质。例如，彩陶上的鸟纹、蛙纹，青铜器上的饕餮纹，以及汉代漆器上的凤纹，尽管形式各异，但均展现出强大的生命力。

中国传统美学强调"形神兼备"，认为万物是一个和谐统一的整体，艺术创作也应该遵循这种哲学观念。因此，设计师通过形态表达情感和意象，实现了"以形写意"的美学理念。在形态设计中，使用方式的延续就是"神"的延续，即传统使用方式在现代设计中的传承。

（3）形神兼备。

形神兼备是传统文化在现代设计中延续的核心理念。造型艺术是一个开放的系统，随着技术的进步和观念的更新而不断拓展。然而，其背后的精神和内涵却是长期历史积淀的结果，是民族形式的灵魂所在。

在形态设计中，设计师应该在了解传统文化的基础上，既传承形态中的文化符号，又注重对精神内涵的延续。这种设计并非只是对传统元素的简单照搬，而是对其进行再创造。设计师用现代审美观念改造、提炼传统造型中的元素，使其富有时代特色，或运用传统造型方法表达设计理念，体现民族个性。

在这种设计中，形态表现的是外在美感，而精神体现在内在。产品的外在形态是人们感知美的最直接方式，而内在的设计逻辑和使用方式同样重要。这些内在的设计元素虽然不易被直接感知，却是在产品设计中不可忽视的部分。延续设计元素在传统文化中的使用方式，能够使产品设计具有持久的生命力。

6.3 影响产品语意的因素

产品语意设计通过视觉符号和形态传递产品功能和情感，而影响产品语意的要素多种多样，设计师必须全面考虑这些因素，以有效地传达设计信息。

6.3.1 形态大小、数量、长短、粗细、体量和面积

1. 形态大小和数量

形态的大小和数量是产品语意中最直接的影响因素，不同的形态参数会直接影响设计的表现力和情感传递。

在设计中，形态数量的增加往往能够增强视觉冲击力。例如，多个相同形态的排列会加强某种设计元素的表现力，加深用户的印象。

2. 形态长短和粗细

长而细的线条具有较强的表现力，能够营造出轻盈、灵动的感觉。而粗短的线条则表现出稳定性和力量感，表达出坚固和厚重的语意。

3. 形态体量和面积

形态的体积大小影响其视觉重量感。小体积的产品通常显得精致、轻巧，而较大体积的产品显现出力量与存在感。例如，建筑物中的大面积体块给人厚实稳重的感觉，小而精致的饰品则传达出精致和细腻的情感。

6.3.2 材质对形态语意的影响

材质是影响形态语意的重要因素，不同材质的产品传递出截然不同的情感和语意。

1. 天然材质与人工材质的对比

同样是球体，大理石球体比玻璃球体更具有重量感和力量感，传递出稳固和坚实的语意。相比之下，玻璃球体则因其透明和易碎的特性显得轻盈、脆弱，甚至可以与外部环境融合，减弱了体量感。

2. 木材与金属的对比

木材通常给人温暖、自然和朴实的感觉，经常用于家具设计。而金属材质，尤其是不锈钢，表现出冷峻、精致和现代感。许多钢管家具虽然具备轻便和坚固的特点，但金属冷感可能降低人们对它们的亲近感，因此，许多钢管家具在设计时会进行表面处理，如喷涂黑色或做无光处理，以降低金属材质的刺目和冷感。

6.3.3 光源对语意的影响

光源是影响形态语意的重要外部因素，光线的变化会使产品的色彩和质感产生显著的变化。

1. 光源的颜色对物体色彩的影响

光源的变化能够改变物体的色彩呈现。例如，白色物体在阳光下带有浅橙色的暖调，而蓝色物体则可能因为阳光中的黄色成分而略显绿色。设计师在设计产品形态时，需要考虑不同光源下的色彩呈现，确保其在各种光线条件下都能传达出准确的视觉信息。

2. 夜间环境中的光源效果

现代城市夜景通过用不同颜色的泛光灯照射建筑物，使建筑物在夜晚更具有表现力，甚至能够呈现出音乐般的视觉节奏。建筑物夜晚的灯光效果能够凸显其文化内涵和设计师的设计意图，而霓虹灯广告的形态设计更多依赖光的点、线、面组合，通过色彩和光的变化形成独特的视觉符号。随着光源技术的发展，光源在产品设计和城市环境中被广泛应用，将成为重要的表现手段。

6.4 产品语意设计的修辞表达方法

6.4.1 设计中的隐喻

隐喻作为修辞学中的重要方式之一，在产品语意设计中也扮演着关键角色。隐喻通过在不同事物之间建立相似性，用一个事物的形象代替另一个事物，从而创造出新的意义。它不仅是一种修辞手法，还是设计师表达产品功能与情感内涵的认知桥梁。

1. 隐喻的构成要素

隐喻由以下三个基本要素构成。

（1）彼类事物：与产品设计相关的熟悉事物或象征符号。

（2）此类事物：设计中具体的产品或元素。

（3）两者的联系：两类事物之间的相似性，既可以是形态上的相似，又可以是意义上的关联。

通过以上三者的结合，隐喻创造了新的意义。设计师通过这种修辞手法，借用熟悉的符号或形象来表达产品复杂的功能或情感内涵，从而让使用者能够更容易地理解产品的功能或使用方式。

隐喻设计，如图 6-19 所示。

图 6-19　隐喻设计

2. 隐喻的功能与意义

隐喻在产品设计中的作用不只是为引起注意，更多的是为构建认知的桥梁。设计师通过熟悉的形象或符号，能够把复杂的或不熟悉的产品功能形象地呈现给用户，从而增强用户对产品的理解和认知。隐喻在本质上是一种在形象之间进行替换的修辞方法，它基于形式上的相似性，还包含更深层次的意义联系。

3. 隐喻的分类

根据不同的相似性联系，隐喻可以分为两类，即形式相似性隐喻和意义相似性隐喻。

（1）形式相似性隐喻（能指相似性），如图 6-20 所示。

图 6-20　形式相似性隐喻（基于形式的关联）

　　基于形态上的相似性，设计师通过两者在形状或外观上的一致性来传达语意。例如，水浪的形态与花开的形状相似，因此可以用"花"来比喻水浪的散开；"蛇形公路"则是基于公路和蛇的弯曲形态的相似性。仿生设计就是典型的对形式相似性隐喻的应用，如图 6-21 所示。

图 6-21　形式相似性隐喻产品设计

（2）意义相似性隐喻（所指相似性），如图 6-22 所示。

图 6-22　意义相似性隐喻（基于意义的关联）

　　基于内涵上的关联性，设计师通过隐喻间接传达产品无法直接表现的功能和意义。这种隐喻通常用于对精神属性的表达，如通过某种象征符号表达产品的精神价值或品牌内涵，如图 6-23 所示。

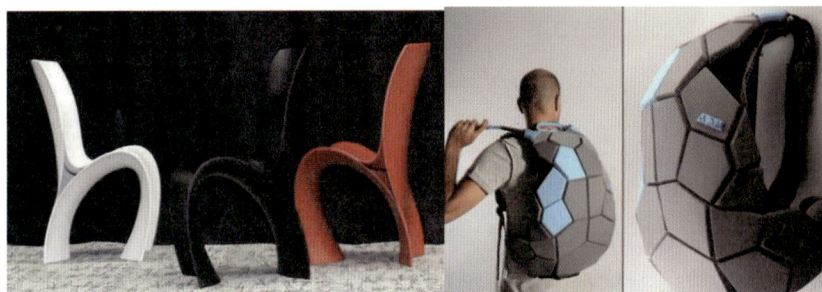

图 6-23　意义相似性隐喻产品设计

4.隐喻的应用步骤

隐喻在设计中的应用通常需要经过以下几个步骤。

（1）明确产品的功能性和情感性，分析其外延意义（功能特征）和内涵意义（精神属性）。这 阶段需要明确设计要表达的各类元素及其特征。

（2）根据产品的功能和精神属性，选择合适的符号或形象作为喻体。对于外延意义，通常选择图像化或指示性的符号；对于内涵意义，通常选择能够反映精神属性的意象来表现。对意象的选择需要基于消费者对喻体的熟悉度与可识别性，确保消费者能够通过这个熟悉的意象认知产品的功能或情感。

（3）在确定喻体后，需要分析它的形态特征，找到其中最突出的认知特征。这些特征需要被提炼并转换为设计作品中的形态要素，使其成为产品语意设计的一部分。设计师通过提炼出的特征，使产品形态能够更加清晰地传达隐喻的内涵，从而使消费者能够准确识别其意义。

6.4.2 设计中的换喻

换喻是用一个符号的意义代替另一个符号的意义来表达的修辞手法，基于两个事物在不同维度上的紧密联系，能够有效地召唤出缺席的意义。换喻的特点在于，通过视觉性的形象将抽象的概念具体化，使复杂、隐晦的含义变得明晰而直观。

换喻通过将邻近的事物或逻辑上紧密相关的事物联系起来，借用其中一种来表达另一种，常用于代替那些不易直接表述的抽象意义，如图 6-24 所示。例如，"脸红"可以用来象征饮酒后的状态。这种符号化的表达方式可以通过简化或代替的方式，使复杂的概念或现象更加具象化，可以被感知。

图 6-24 换喻

1.换喻的多样性

换喻之所以多样，源自事物之间多样的关系结构。

（1）原因与结果的关系。

用结果代替原因，如通过展示产品的使用效果，隐喻产品本身的品质或性能。

（2）手段与目的的关系。

用某种工具或方法隐喻其目的或最终结果。

（3）包含者与内容的关系。

用整体代替部分,或用部分代表整体。例如,用产品的某个细节元素来表达整个产品的意义。

（4）事物与地点的关系。

用与特定环境或地点的联系,代替产品的具体功能或特质。

（5）自然与精神的关系。

将自然现象或物理现象与精神层面的含义进行类比。

（6）模型与实物的关系。

用原型或模型代替实物来表达概念，常用于产品设计中的预想图或概念图。

2. 换喻的具体运用

在产品设计中，换喻的运用使设计的内涵更加丰富，增强了产品的沟通能力。换喻通常通过以下几种方式实现。

（1）用结果代替原因。

产品的使用效果和品质通常较为抽象，难以直接通过形式表现出来。例如，一款吸尘器可能通过展示干净的地板，寓示其高效的清洁功能，而无须直接展示机器的内部构造或工作原理。通过用结果喻示原因，设计师能够将使用效果具体化并呈现在用户面前。

（2）用使用者或使用环境代替产品。

现代产品常常具有多义性和模糊性，设计师可以通过将产品与用户或使用环境关联，借此代替产品本身的形象。例如，儿童玩具的包装可能展示孩子在玩耍时的快乐场景，以此寓示产品的娱乐性和适用性。这种方式通过增强对使用情境的表现，帮助用户更好地了解产品的价值与功能。

（3）用实质代替形式。

换喻还可以通过聚焦概念的某个特定方面，而忽略与之无关的其他方面。例如，一款环保产品可能不会在设计上突出其环保材料，而是通过绿色或自然元素喻示其环保特质。通过这种符号性的表达方式，产品设计不仅传递了产品的实际功能，还提升了用户对产品的情感共鸣。

换喻产品设计，如图 6-25 所示。

图 6-25　换喻产品设计

3. 换喻对设计的影响

换喻能够影响用户的认知、态度和行为，它通过简化复杂的概念来加强设计的直观性和易读性。设计师可以通过合理运用换喻，使产品的核心功能和价值变得更为明确，并在用户心中形成强烈的印象。此外，换喻还能够增强设计的情感诉求，使用户在接触产品时，能够更容易地联想到相关的情感或体验。

换喻作为修辞手法，在产品设计中具有重要的价值，它通过符号的代替与表达，使产品的复杂概念和抽象功能变得更加直观和易于感知。设计师通过原因与结果、使用者与产品、实质与形式等多种关系的紧密联系，利用换喻手法，能够在产品形式与产品功能之间架起一座桥梁，让设计更加生动，具有感染力。

4. 隐喻与换喻的区别

隐喻与换喻是两种不同的修辞手法，它们的目的都是形象化地表达意义，但在构建联系方式和思维模式上有显著的差异。

（1）联系方式不同。

隐喻的基础是相似性。它通过把两个原本不相关的事物联系起来，依靠相似性在不同领域之间进行意义的转换。例如，形容某人"像狮子一样勇猛"，虽然"人"与"狮子"在现实中无直接关系，但通过隐喻，建立了对"勇气"这一共同特征的联想。换喻则是基于邻近性或逻辑相关性来进行的符号代替。换喻的两个符号之间在现实中具有直接相关性或紧密联系。例如，用"王冠"来代指"王位"或"权力"，这是因为王冠和王位在现实中存在实际的联系。

（2）思维模式不同。

隐喻依赖的是跨领域转换，它常常要求设计师或用户进行想象的飞跃，把某种抽象概念或复杂情感用熟悉的形象或符号表达出来。隐喻需要更高的创造性思维，因为它要通过找寻两个表面上不相关的事物之间的相似性来传达更深层次的意义。换喻是一种更具有现实主义的思维模式，它不要求跨领域转换，而是在同一领域或紧密关联的领域找到具有相关性的代替符号。换喻更注重逻辑和实用性，通过邻近事物之间的直接联系来表达意义，它常常通过使用部分来代表整体，或通过某一特定的象征性事物来代替其关联的概念。

（3）浪漫主义与现实主义对比。

隐喻是浪漫主义和超现实主义的结合，它通过幻想与现实的融合，传递深刻的情感和观念。换喻则更接近现实主义，它通过实际事物的邻近关系来传达意义，通常具有明确的逻辑性和功能性。这些表达方式依赖符号与实物之间的直接联系，具有更强的现实感。

隐喻和换喻在设计和表达中的应用各具特色。隐喻依赖相似性和跨领域转换，具有较强的跳跃性和想象力，是浪漫主义和超现实主义的结合；而换喻则基于邻近性或逻辑相关性，强调现实中的直接联系，是一种更具有现实主义的表达方式。在设计中，隐喻常用于表达情感和抽象概念，而换喻则更注重逻辑性和功能性表达，两者各自发挥不同的作用。

6.4.3　设计中的提喻

提喻是一种修辞手法，通过使用包罗性、涵盖性不同的词语来代替相关的词汇，使表达更加生动，激发受众联想。在设计中，提喻能够增强作品的吸引力与创造性，传达出更丰富的意义。提喻的本体与喻体之间并非对应关系，而是隶属关系，即整体与部分或种与属之间的关系。本体是喻体的体现，喻体蕴含在本体之中，如图6-26所示。

图 6-26　提喻

提喻可以大致分为以下三种类型。

1. 部分与整体的提喻

部分与整体的提喻是用部分代替整体，如图6-27所示；或者反过来用整体代替部分，从而使表达更加富有想象力和艺术性。在设计中，电源开关键往往被设计得非常显眼和突出，这种设计策略便是用部分代替整体的提喻。这种代替方式常常通过突出产品的某个关键特征或功能，使用户在使用或观察产品时能够迅速了解产品的核心功能，并引发更多联想，从而丰富用户对产品的整体感知。

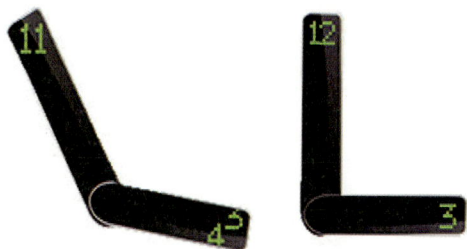

图 6-27　用部分代替整体

2. 具体与抽象的提喻

具体与抽象的提喻能够为设计带来更多的想象空间和诗意表达。设计师用具体形象的符号代替抽象的概念，可以让用户在观感上产生情感共鸣，并激发其更深层次的联想，如用"玫瑰与荆棘"象征人生的甜美与艰辛。这种代替方式也常见于设计中，设计师通过具体的形象来暗示某些抽象的概念，使产品的功能性或象征性更加明确。

3. 种与属的提喻

种与属的提喻就是通过某种具体的事物代替其所属的类别，或者反过来用类别代替具体的事物。这种代替方式有助于设计师将某一领域的经验引入另一个领域，通过这种关联，使用户能够在更大的认知框架内去了解设计对象。设计师通过简洁而富有含义的符号，可以使用户对产品或设计有更全面的认知，从而提升设计的表达效果。

设计师在使用提喻时，需要注意的是，本体与喻体之间必须具有密切的关联，喻体应该具有足够的形象性和代表性，以确保用户能够准确了解设计内涵。设计师在运用提喻时，既要强调其代替功能，又要考虑其形象性，以达到理想的表达效果。

6.4.4　设计中的讽喻

讽喻作为一种修辞手法，其关键在于通过对比与差异，传达出具有娱乐性、戏谑性和玩笑性的语意表达，如图 6-28 所示。讽喻的效果往往因对比的强烈程度而增强，设计师通过讽喻手法使用户在解读设计时产生意外感和幽默感，甚至是对固有思维的挑战。

图 6-28 讽喻

讽喻的运用在后现代设计中尤为突出。许多后现代设计师希望通过讽喻来表达对传统设计理念的反抗和挑战，尤其是针对现代主义和国际主义设计中常见的严肃性、冷漠性和功能至上的垄断性美学。讽喻设计传达的更多是与产品功能无关的娱乐性和游戏性，甚至带有一定的意识形态表达，如对社会规则或文化现象的讽刺与质疑。

讽喻设计可以通过不同的方式实现，主要包括相异性、分离性和对立性三种表达方式。

1. 相异性

相异性指通过夸张和任意的表现手法，打破符号与其通常意义之间的联系，给人荒诞或幽默的感受。例如，"指鹿为马"这一成语，正是通过对符号意义的荒诞性错位来产生幽默效果。在设计中，设计师可以通过故意将产品功能或形态进行荒诞性处理，制造出强烈的反差和幽默感。

2. 分离性

分离性指通过轻描淡写或夸大其词的手法，掩饰某些表面意义，从而让受众产生误导，受众只有经过仔细辨别才能识别真正的意义。分离性设计通常隐晦、含蓄，受众只有用心解读，才能发现其背后的讽刺意味或隐喻性批判。

3. 对立性

对立性是讽喻设计的核心表达方式之一，指通过符号的形式让用户意识到其代表的不是表面的意义，而是与其对立的含义。对立性设计常常是通过夸张和反讽来传达设计师对某些社会现象或文化现象的反思。

讽喻设计通过符号的差异性和对立性，打破传统设计惯例，传达出戏谑性、娱乐性甚至批判性的意义。其主要方式包括相异性、分离性和对立性，这些手法帮助设计师在后现代设计中表达对现代主义设计的反思和挑战。讽喻设计不仅提供了丰富的多层次语意，还通过打破常规表达形式，鼓励用户进行更深入的思考和多样化的诠释体验。

讽喻设计表达，如图 6-29 所示。

图 6-29 讽喻设计表达

■ 小结

本章讲述了关于产品语意的内容。设计师借助形态语言，让使用者了解形态的含义。合理的形态能够准确地展现产品的功能及特性，便于使用者正确实现对产品的操作。设计师借助形态语意，还可以让使用者在操作产品的过程中体验到愉快感，充分体现"以人为本"的设计宗旨。

■ 习题

1. 用三个形体表现出具有按下、提拉、旋转等系列功能的操作键。用形态的区别来体现使用方式。要求：三个形体之间必须有联系，形成系列化（家族感）形体。

2. 设计一个有表情的形态。

3. 收集下列修辞手法案例，并做成 PPT，在下周课堂上发布。要求：编写相关说明。

（1）隐喻。

① 形式相似性隐喻（基于形式的关联）——3 款产品。

② 意义相似性隐喻（基于意义的关联）——3 款产品。

（2）换喻——3 款产品。

（3）提喻——3 款产品。

（4）讽喻——3 款产品。

第7章

形态情趣化设计

教学目标

📖 了解情趣化设计的概念，重点掌握形态情趣化的三个层次与产品不同要素带来的情趣体验。

📖 掌握围绕感官、效能和理解三个层面进行形态情趣化设计。

随着生活质量的提高，人类对自身的关怀逐渐增强，形态设计也把注意力更多地关注到产品的情感性方面，更加注重产品本身的情感特征和使用者的情感、心理反应。正如一位美国设计家说的，"要是产品阻滞了人类的活动，设计便会失败。产品使人感到更安全、更舒适、更有效、更快乐，设计便成功了"。现在，"以人为本"的口号被广泛认同，足以看出对产品情感方面的考虑已经受到关注。

因此，产品除满足使用者所需的物质功能以外，其精神功能越发突出。人们更希望通过产品的造型、色彩、材质和使用方式等各种设计语言与产品进行交流，从而获得全新的情趣体验和心理满足。

7.1 情趣化设计概念

产品的情趣化设计，就是让产品表现出某种情趣，使产品富有情感。产品的情趣化设计是在物质文明逐渐发展下应运而生的。当人们在物质生活上得到满足时，就会追求精神满足，考虑生活情调、质量与心理感受，这时情趣化设计便产生了。

　　情趣化产品设计的出现并不是偶然的，在人们对工业化产品越来越厌烦的时候，新的个性化的产品设计随之诞生。这种产品设计抛弃以往的设计理念，将更多的幽默、诙谐及乐观因素添加到设计当中。这种产品设计之所以叫作情趣化设计，就是因为它们将产品对人的心理因素的影响放在首位。这种产品或者功能新颖，使消费者有儿童般的好奇心，想去挖掘产品的用途，或者造型新颖，更准确地说是让人感到亲切，使消费者对产品有一种超越人与物之间关系的感情。

7.1.1　情感设计与情趣化设计

　　情感设计，即强调情感体验的设计，就是以情感体验为目的的设计。设计师通过对人的心理活动，特别是情绪、情感产生的规律和原则的研究和分析，使产品有目的地激发人们的情感，使产品能够更好地实现其目的。

　　情趣化包含两个层面的含义，即情和趣。情是指情感、情调，趣是指趣味、乐趣。情感是多方面的，如喜悦、悲伤、喜爱、讨厌等。而情趣是指情感中较为积极的一面，就如同一个人具有幽默诙谐的性格。

7.1.2　理解情趣化设计

　　理解情趣化设计，应该从以下两个方面入手。

1. 产品本身

　　产品本身，特别是那些形式优美或具有某种意味、含义的设计作品，具有显著的类似艺术品的属性——艺术价值。这些艺术价值集中体现为它们能够激发人们的某种情感体验，在美学中被统称为审美体验。

2. 功能性

　　功能性是设计艺术的本质属性。在使用产品的复杂情境下，人与产品互动会产生综合性的情感体验。它具有动态、随机、情境性的特点。

7.2 产品形态情趣化设计

情趣化设计的核心在于两个方面的情感激发：一方面是设计物的情感激发和体验，利用设计形式及符号语言激发受众情感，如效率感、新奇感、幽默感、亲切感等，促使受众在存在需求的情况下产生购买行为，或者激发其潜在需求，使其产生购买意念；另一方面，设计应该使具体使用情境中的用户产生适当的情绪和情感。这里主要针对设计物自身的形态符号来研究情感设计。

7.2.1 形态设计情趣化的三个层次

什么形态的产品能够带给人情趣体验呢？或许是用圆滑的曲线传递给人自然的感觉，或许是正负形让人想到成双成对的甜蜜，又或许是可爱的表情勾起人的童真和童趣。

我们先来了解一下形态设计情趣体验的层次。古代艺术设计的形态常常是对自然物的借用或变形，属于具象形态；而现代设计的形态趋向于抽象、简化，设计师经常使用抽象的点、线、面、体来塑造形体。这些形态之所以能够赋予人某种情感体验，其心理机制体现在以下三个层次。

（1）形态自身的要素及这些要素组合形成的结构，能够直接作用于人的感官，引起人相应的情绪，同时伴随相应的情感体验。

（2）形态要素使人无意识或有意识地联想到具有某种关联的情境或物品，并由对这些联想事物的态度而产生连带的情感。直感的情绪与联想激发的情感体验往往相伴而生，是一种较为自动的、本能的心理效应。例如，墨西哥设计师费尔南多·拉波斯将丝瓜络运用在家具设计中，打造出环保、健康、舒适的新型家具，如图7-1所示。丝瓜络生物材料是在丝瓜成熟之后，将其干燥处理后得到的残余物，具有轻盈、隔热、避震等性质。其外观自然透明，给人亲切感，使用者通过挤压的方式能够释放心理压力。

（3）消费者通过对形态象征意义的理解而体验相应的情趣。这是最高层次的情感激发与体验。

综上所述，我们可以看到形态产生的情趣体验是通过组成形态的每个要素（形、色、材质等）整体作用而产生效果的，很难区分是其中哪一种要素带来的情感。这些要素始终相互作用，难以分离。

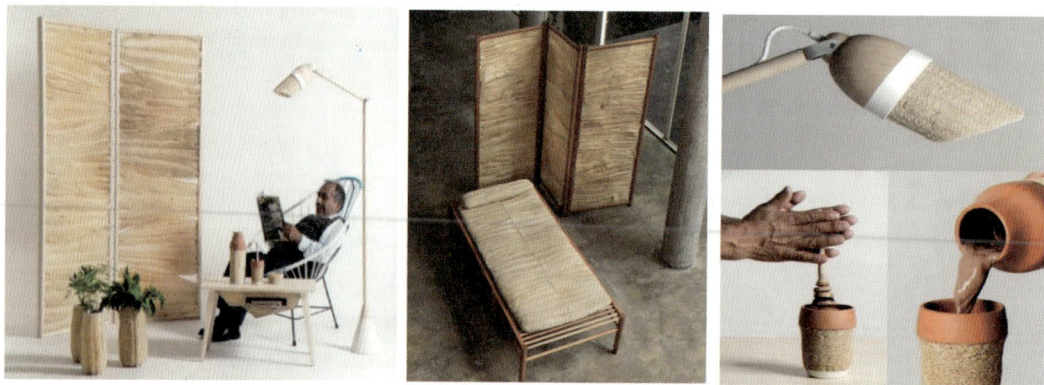

图 7-1 丝瓜络家具

7.2.2 形态带来的情趣体验

康定斯基认为，"世界上所有的形态都是由一些相同的基本要素组成的，这些基本要素就是点、线、面。形态给人的感受是物象的外形，而构成物象外形的是点、线、面的作用"。下面讲述点、线、面、体可以带给人的情感或情趣体验。

1. 点

作为造型要素的点，它的情趣基调根据形态大小的不同而发生变化。在产品造型设计中，按键等小部件往往起到画龙点睛的作用，它们会影响产品整体的一致性，能够为陷入视觉疲劳的人带来情趣的激发。图 7-2 展示的蓝牙音箱出音孔的排列方式，就是对点这一造型要素的运用。

图 7-2 蓝牙音箱出音孔的排列方式

2. 线

康定斯基将直线称为"表示无限运动的最简洁的形态"。在直线中，垂直线挺拔、高扬，给人生长和具有生命力的情感体验。

曲线倾向于圆满，代表成熟和包容的态度。曲线具有含蓄、温和、成熟的情感特质，带有一种女性气质。图7-3展示的不同形式的排气扇格栅，就是在产品形态设计中对线这一要素的运用。

图7-3　不同形式的排气扇格栅

3. 面

几何面基本可以分为三角形、圆形和矩形三类，其他几何面都是在这三种类型的基础上派生出来的，如图7-4所示。矩形的两组边具有相互节制的属性，水平一边获得优势则让人感觉寒冷、节制，相反则显得温暖、紧张，动感十足。

在平面图形中，圆是内部最静止的。圆很单纯，也很复杂，象征团圆、圆满。即使是圆滑，也表明了一种中庸、有节的情趣。

图7-4　面的多变

4. 体

具象的体通常来自对自然物的模仿和变形，它们带给人的情趣体验与其模仿的对象带给人的情趣体验密切相关。现代玩具设计通常使用具象的形态，如动物、植物的拟人形态，憨态可掬的形态迎合孩子天真、好奇，对自然物充满兴趣的特点，如图7-5所示。

图 7-5　可爱的儿童玩具

　　新技术、新材料（如塑料、层压板材）、新工艺的出现使更加自由、流畅、灵活、富有人情味的抽象形态成为可能，这样的形态同时得到设计师与消费者的青睐。建立在几何体基础上的有机、柔性、流畅的形式，具有几何体自然和简洁的特点，由于边缘圆润、线条流畅，具有亲切迷人的魅力，给人丰富的情趣体验。

7.2.3　色彩的情趣体验

　　色彩的情趣化往往会使人在视觉上享受到乐趣，唤醒人的消费欲望。马克思认为，色彩的感觉是一般美感中最大众化的形式。也就是说，人们对色彩的情感体验是最直接的，也是最普遍的。

1. 色彩特性的情趣体验

（1）物体通过表面的色彩给人带来温暖或凉爽的感觉。

（2）色彩能够影响人对物体重量和体积的感受。

（3）色彩的冷暖带来"色彩的膨胀性"。

（4）色彩能够给人不同的距离感。

（5）色彩能够直接影响人的情绪。

2. 色彩对比的情趣体验

色调和饱和度对比强烈，能够提高人的注意力和兴奋程度。

3. 固有色的情趣体验

（1）色彩固有概念约束了人们的审美情趣。

（2）大胆突破固有色能够迎合某些用户"求新求异"的心态。

（3）固有色还是色彩联想产生的根本原因。

4. 色彩象征与情趣体验

色彩联想的抽象化、概念化、社会化导致色彩逐渐成为具有某种特定意义的象征，成为文化载体。设计师通过这一载体，可以激发消费者的情趣。

7.2.4　材料的情趣体验

材料的情趣体验来自人们对材质产生的感受，即质感。材质是材料自身的结构和组织，质感是人们对材料特性的感知，包括肌理、纹路、色彩、光泽、透明度、发光度、反光率及其具有的表现力。

一方面，不同质感带给人们不同的感知，感知有时还会引起一定的联想，于是人们对材料产生了联想层面的情感。另一方面，材料不断被人类利用，被赋予更多的象征意义。

7.2.5　使用的情趣体验

1. 使用与情趣体验

使用与情趣体验是二位一体、相互关联、互为因果的。可用性涉及人的主观满意度，以及带给人的愉悦程度，因此具有主观情感体验成分，即"迷人的产品更好用"。情趣体验建立在一定目的性的基础上，用户在使用产品过程中的情绪和情趣体验也是设计情感的重要组成部分，即"好用的产品更迷人"。

很多人喜欢DIY（do it yourself），自己动手做一件产品并不代表社会科技水平落后；恰恰相反，在科技飞速发展的今天，人类许多工作被机器代替，我们只需敲击几下键盘，便可以在流水线上做出成品。难道人们不喜欢纯粹的轻松，非要自己动手找麻烦吗？事实上，在 DIY 的过程中，人们获得了乐趣。

对情趣化产品来说，即使在外观和结构上没有什么特别之处，当人们知道其有特殊用途时，也会爱不释手。

2. 情趣化使用方式的三个阶段

（1）容易被人掌握。

容易被人掌握是好产品必需的前提。设计师只有让消费者快速了解产品的使用方式，才能更好地抓住消费者的心。

（2）信息反馈。

连续的信息反馈也是好的设计必需的，信息反馈是产品与用户之间进行的情感交流。

（3）激发人的使用乐趣。

在使用产品的过程中，产品给你带来的情感体验都是满意的、愉悦的，你就不会抗拒使用它。朱利安·布朗曾经说过："好的设计和差的设计的差别就像一个好故事和差故事，好故事是你听多少遍也不会厌烦的，差故事是你一点也不想听的。"

7.2.6　情趣化设计目标

对人来说，情感世界不是一直不变的。随着年龄、阅历、环境的变化，人的心理反应会发生改变。人在不同成长过程和不同年龄阶段都会有不同的心理反应。因此，设计师在设计前把握好设计目标的变化是至关重要的。

1. 年龄与性别差异的情趣分析

人在不同年龄段有不同的心理特征，而性别也会影响人对事物的理解能力、欣赏水平及心理反应；不同性别的人在家庭中扮演的角色不同，表现出不同的情感喜好。

不同年龄段、不同性别的人心理特征不同，情感世界不同，对产品的偏好也不同。由于教育背景、社会文化的影响，每个人都会有不同的兴趣爱好和个性特色，这会影响到对产品情趣化的判断，特别是在情感自我心理反应上的判断。

2. 市场与情趣化设计

品牌是一种识别标志，也是一种情感化的代表。认识品牌，探索产品背后的故事，能够体会到产品情趣化在消费市场的延伸。

我们以知名家居用品设计公司 ALESSI 为例。这家公司的设计具有巨大的品牌号召力，单在各类产品设计教材和杂志上的曝光率就可以看出这点。该公司云集了许多优秀设计师，如迈克尔·格雷夫斯、亚力桑德罗·芒迪尼、菲利普·斯塔克等。该公司的产品从能带给人们快乐的小鸟水壶到拟人化的"安娜·吉尔"瓶起子，再到一系列能够给人们的家居生活带来乐趣的马桶刷、海绵架等家居用品。ALESSI 创造了许多经典设计，它的设计总是会给人们带来生活情趣，让人们感受到生活的快乐，甚至做饭、打扫卫生也是快乐的，减少了人们做家务的烦恼。这并不是说该公司的产品在功能上有多么出色，只是因为它们在情感上给了人们安慰。ALESSI 产品设计，如图 7-6 所示。

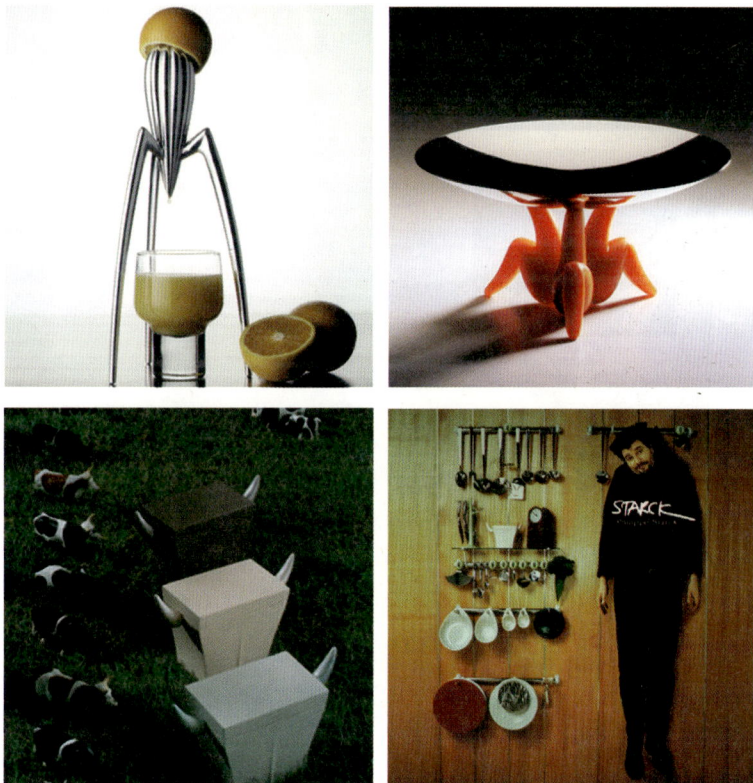

图 7-6　ALESSI 产品设计

7.3 形态情趣化实现的方法

7.3.1 刺激消费者感官

感官、效能和理解三个层面的情趣体验为设计师提供了激发用户情感的三个着眼点，虽然因信息加工水平不同而存在高下区别，但将这三个方面作为策略用于设计并无高下之分，仅是依据不同设计目标所做的恰当选择。

最直接、最易于实现的情感设计就是刺激人感官的情趣化设计，这个层面属于前面论述的感官层面上的情感体验。我们可以通过加强形与形之间的对比度、提高形态的新鲜度和增加变化等方式实现对人感官的刺激。

图 7-7 为一款充分利用感官刺激吸引消费者关注的空调。

图 7-7　充分利用感官刺激吸引消费者关注的空调

1. 外形和色彩的刺激

设计师在设计中直接利用新奇的外形和色彩，以及夸张、对比、变形等形态来吸引人的注意，利用人的感知，特别是视知觉原理，满足人本能的对形的偏好和情趣体验。

2. 情感和欲望的刺激

设计师在设计中将产品的特质或性能与用户的情感和欲望暗示混合在一起，吸引人的注意，并使人产生愉悦感。设计师通过煽情的造型语言或画面，能够使人迅速对产品产生兴趣，集中注意力。

7.3.2 人性化设计

人性化设计是指在设计过程当中，根据人的行为习惯、人体生理结构、人的心理情况、人的思维方式等，在原有设计基本功能和性能的基础上，对产品进行优化。人性化设计，如图 7-8 和图 7-9 所示。

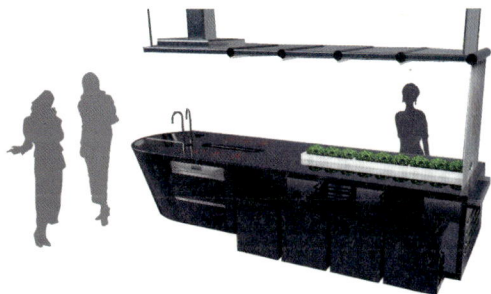

图 7-8　绿色厨房设计

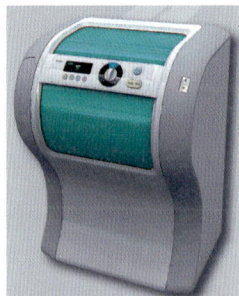

图 7-9　通用洗衣机设计

人性化设计是现代设计最常用的情感设计方式，它将设计师对某些人性或生物的生命特征的情感体验转化为意象，并通过特定的形式表示出来，具有类似体验的受众能够从设计中解读出这些情感体验，从而形成共鸣。例如，芬兰阿拉比阿公司制作的故事鸟壶，是芬兰近年来最畅销的陶瓷制品，用形象隐喻为器皿增加人格。整组器皿放在一起，就像一个美满的家庭一般其乐融融，造型幽默诙谐，使观看者体会到家居的温暖和甜蜜。

情趣化的产品设计是建立在人性化设计基础之上的，更侧重于产品对人的情感因素的影响。而传统的人性化设计更多是从理性角度去考虑产品对人的影响，可能正是这种过于理性化的思考使现在的产品大多数和人们产生了距离。因此，情趣化产品出现的主要前提就是工业化社会的冷漠导致的人们对情感的需求。

7.3.3 让产品具有幽默感

幽默是一种复杂的、重要的情感体验，是人的一种潜在的本能，产生于人具有复杂的认识和思维能力之前，是一种维持生理和心理平衡的机能现象，是让人感到轻松或压力得到缓解的重要情感体验。

1. 超越常规的形态

某些超越常规的形态能够使人产生幽默的情感，这种情感可以使人暂时性地从自身设定的常态中解放出来，从而感到愉悦和压力被缓解。尤瑞安·布朗设计的办公用品一反常态，使用夸张可爱的动物造型，使通常让人感觉冷漠、程序化的办公用品显得憨态可掬。

2. 让形态充满童趣

儿童的天真烂漫表达出的童趣很容易使成年人感觉幽默可笑。尤其在现代社会繁重的压力之下，人们往往有逃避现实、减轻压力的需要，于是市场上出现了一些童趣化的产品或服务，产品的风格趋向鲜艳、轻快，在一定程度上满足了成年人逃避现实、回归天真童年的情感愿望。苹果公司率先在个人计算机中运用轻松而具有童趣的风格，使计算机脱离冰冷的商用机器的面貌，成为时尚的象征，并引发个人数码产品风格的重大转变。

图 7-10 为充满童趣的东巴烛台。

图 7-10　充满童趣的东巴烛台

3. 戏谑与嘲讽并存

用戏谑与嘲讽手法表现出来的形态，即使存在恶意，也是用委婉的方式表达嘲讽的情感。如图 7-11 所示，拉迪设计组在 1999 年设计的睡猫地毯，就以一种玩世不恭的态度嘲讽了贵族千篇一律的优越生活。具有后现代设计风格的阿基佐姆事务所设计的米斯扶手椅、脚凳，从名字上就能看出其中的戏谑味道，影射包豪斯最后一任校长。这个设计参照柯布西耶在 1929 年设计的著名的轻便躺椅，用显然并不符合"座"的需要的设计来说明它的讽刺意念，构成了一个"激进设计"和"反设计"的"声明"。

图 7-11　睡猫地毯

7.3.4　赋予产品象征意义

运用形态的象征激发情感，就是把产品本身作为一种符号，激发人的情感的设计。人对产品的消费本身就包含符号性消费，消费者可以通过符号象征，传递其身份、地位、个性、喜好、价值观和生活方式。

产品的象征性需要消费者通过联想和想象加以补充，并且通常需要一定的信息作为索引，最后实现设计师与消费者之间、消费者与消费者之间的语言互通。

图 7-12 和图 7-13 为赋予产品象征意义的案例。

图 7-12　具有象征形态的加湿器

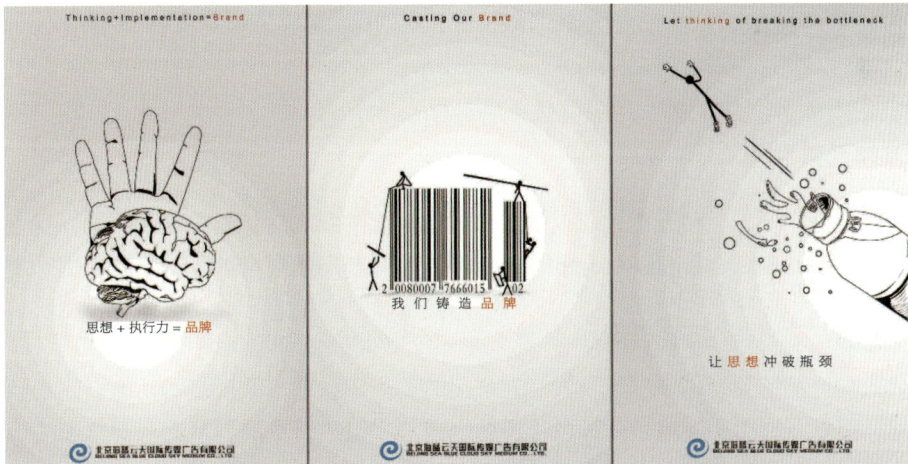

图 7-13　运用象征图形的平面设计

7.3.5　多样的形态表现方法

产品都是以特定形态存在的，产品设计过程也可以看作形态创造的过程。对情趣化产品形态设计来说，通常具有以下几种常用的形态表现方法。

1. 卡通形态

卡通化设计是一种混合卡通风格、漫画曲线、突发奇想与宣扬生活情趣的特殊设计方法，它把人们对享受人生乐趣的生活态度混合到产品造型风格之中。这种设计方法能够创造出独特、可爱且引人注目的产品形态，尤其在儿童产品、日常用品及电子产品等领域得到广泛应用。

2. 契合形态

契合形态也就是我们常说的正负形，通常利用共同元素将两个或两个以上的形体联系起来，其中的个体既彼此独立又相互联系。这种既独立又联系的关系为产品增添了无尽的趣味，我们熟悉的太极图和七巧板玩具就是契合形态的代表。

3. 律动形态

简而言之，律动形态就是用静止的形态记录一个运动的瞬间，从而让美丽的瞬间能够永久保存下来，仿佛用照相机记录舞蹈演员美丽的舞姿。这样的形态通常能够给人自由、浪漫的情感体验，给人无拘无束的舒适感。例如，通过模拟舞蹈演员的舞姿或自然界中的动态元素来设计产品形态，就可以赋予产品生动的韵律感和动感。

4. 仿生形态

大自然有纷繁复杂、千变万化的形态。仿生设计不是简单对自然物的照搬与模仿，它是在深刻理解自然物的基础上，在美学原理和造型原则作用下的一种具有高度创造性的思维活动。

5. 互动元素形态

在产品设计中融入互动元素，可以使产品具有更强的参与性和趣味性。例如，交互式办公管理器、可转动的夜灯、带有游戏元素的音响等，这些产品通过增加互动功能来提升用户的体验和参与度。

现代人与产品的关系越来越近，人们对产品的要求不仅在于实现基本功能，还希望通过产品的造型、色彩、材质和使用方式等各种设计语言与产品进行交流，从而获得全新的情趣体验和心理满足。设计师要正确合理地将设计语言用到产品设计中，增加产品的亲和力，使产品能够通过自身的情趣化语言与人交流，使产品与使用者之间产生一种极为微妙的情感，从而大大地提高产品的附加值，提高产品的竞争力。

■ 小结

本章讲述如何通过产品的造型、色彩、材质和使用方式等设计语言，使消费者获得全新的情趣体验和心理满足；重点从情趣化概念入手，阐述了情趣化与形态的关系、形态具有的情趣特点，以及形态情趣化实现的方法。通过对本章的学习，同学们可以了解到情趣化的引入，能够增加产品的亲和力，使产品和使用者之间产生微妙的情感，从而大大地提高产品的竞争力。

■ 习题

1. 从市场上选择几款产品，体验其情趣化特点并加以描述。

2. 运用情趣化设计方法，设计一款具有生活情趣的产品，产品种类不限。

第 8 章
设计案例

8.1 案例一

产品形态设计通过色彩、材质、形状等元素，可以满足使用人群的情感化需求。随着科技的快速发展和老龄化社会的到来，为老年人提供更加便捷、智能、贴心的生活辅助设备变得尤为重要。为老年人设计的智能音箱旨在通过简单易用的界面、清晰洪亮的声音、丰富的健康管理与生活服务功能，满足老年人在日常生活、健康监测、娱乐互动等方面的需求，提升他们的生活质量和幸福感。

项目名称：适老化智能音箱设计

设计者：毛竹青

8.1.1 设计背景

随着我国老龄化进程的加剧，老年人群体感官机能不断衰退与需求不断提升形成主要矛盾，借助现代技术手段优化老年人群体的生活体验成为适老化产品设计的重要发展方向。

8.1.2 设计分析

本设计旨在为老年人打造一个便捷、智能、安全的生活伴侣。本课题以用户需求为中心，对老年人群体进行调查研究，借助质量功能配置（QFD）理论确定适老化智能音箱产品功能框架，并在此基础上完善适老化智能音箱产品设计，为未来适老化视听产品的发展提供参考与思路。通过调研可以发现，智能适老化音箱的首要功能为远程呼叫与健康管理，其次是尽可能多通道满足用户的视听需求。其他设计细节围绕此设计主题进行补充与完善。因为健康管理功能无法体现在产品造型上，所以将远程呼叫、多通道交互作为产品造型主要参考的产品功能。

8.1.3 方案确定

通过设计分析，最终确定了以下产品功能：多通道交互是指在产品造型方面可以通过添加显示屏等增加产品的视觉交互通道。通过加入投放功能，方便用户在使用产品过程中，文字方面的视觉信息可以借助听觉通道进行转化。在产品造型方面，显示屏的交互形式采取人格化交互方式，以卡通人物表情与用户进行交互，带来亲近感。健康管理功能无法通过智能音箱造型直接呈现，通过手机客户端与智能适老化音箱互联的方式，监控用户体态并上传健康数据，实现产品的健康管理功能。同时，产品需要通过完善远程呼叫流程与健康管理功能，搭建相对完善的智能适老化音箱产品服务体系，以满足老年人用户群体的需求。

8.1.4 产品效果图

适老化智能音箱产品效果图，如图8-1所示。

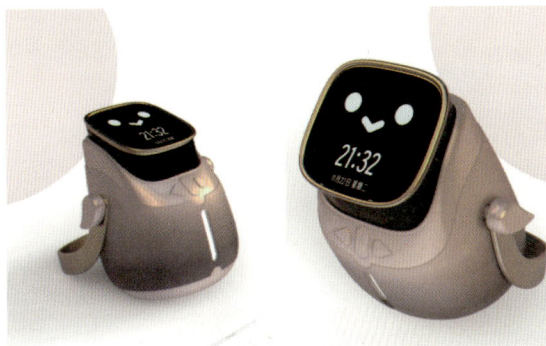

图 8-1　适老化智能音箱产品效果图

8.1.5 产品细节图

适老化智能音箱设计细节，如图8-2所示。

■ 显示器
音箱内置，用于内容展示。

■ 摄像头
负责随时监控用户体态，进行视觉交互。

■ 支撑结构
保持音箱体态，提手便于使用。

■ 音量控制旋钮
手动控制，适合用户使用。

■ 显示器支撑
支撑显示器结构。

■ A面
主体结构面。

■ 前后投影部件
通过显示器支持实现前后投影。

■ 控制键
分为主控制键与前后控制键。

■ 扬声面
音箱主体结构，镂空结构便于扬声。

■ 氛围灯带
用于营造音乐氛围，时刻掌握音箱状态。

■ 扬声结构
用于结构支撑与扬声构建组合。

■ B面
主体支撑面。

■ 充电盘
无线充电使用。

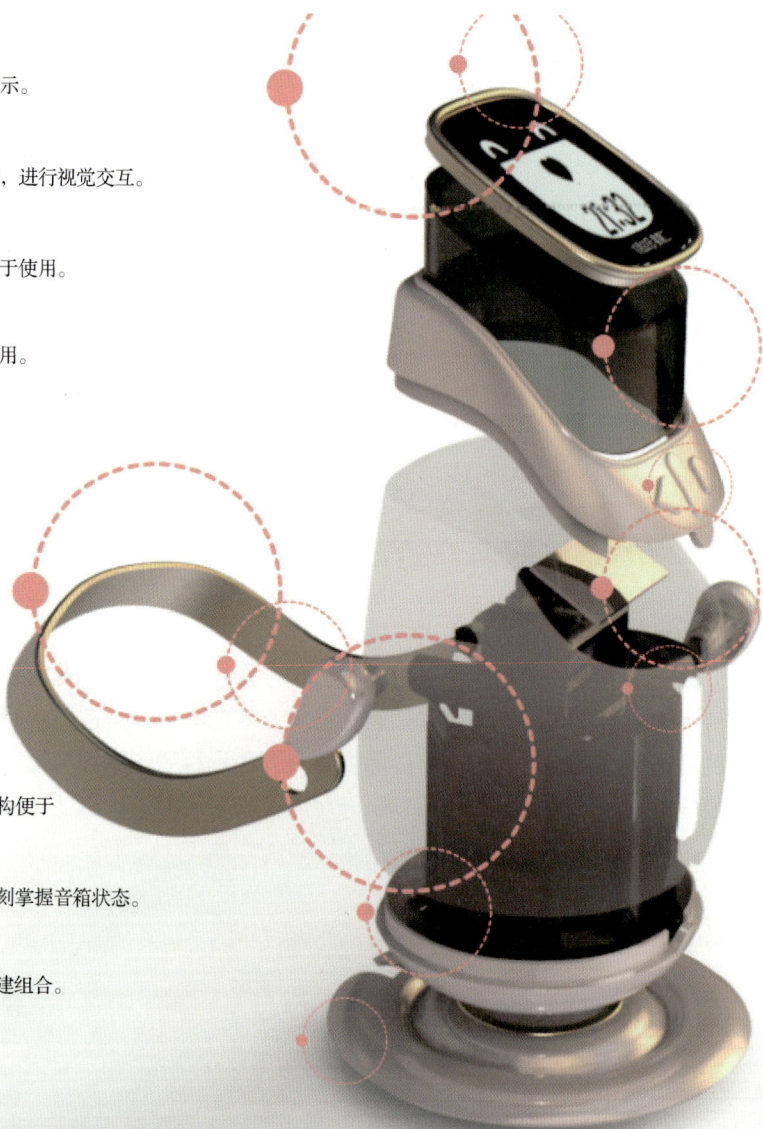

图 8-2　适老化智能音箱设计细节

8.2　案例二

设计产品时要考虑人们对产品的使用方式，不同的产品使用方式必然会产生不同的产品形态。产品设计应该从用户的实际需求和心理感受出发，通过采取智能化、情感化的设计方法，给用户带来更好的使用体验。

项目名称: 移位机设计

设计者: 王东珠、田牧冉

8.2.1 使用人群分析

本移位机设计的使用人群定位为半失能人群及护理人员,在设计中充分考虑了老年人和护理人员的实际需求与心理感受,通过智能化、人性化的设计手段,实现安全、便捷、舒适的转移体验。它是一款高效的辅助工具,更是提升老年人生活质量和护理人员工作效率的重要伙伴。

半失能人群的生理特点主要体现在力量减弱、平衡能力差、可能患有慢性病或身体疼痛等方面。其心理需求为希望保持尊严、减少依赖感、享受便捷舒适的转移过程。

对于护理人员,需要考虑其工作和心理方面的需求:工作需求是指能够高效、安全地完成转移任务,减少体力消耗和伤害风险。心理需求是希望通过移位机获得便捷的操作体验,提升工作满意度和成就感,减轻护理时的心理负担。

8.2.2 设计需求点的确定

从产品功能、外观造型、操作方式、产品通用性几个方面出发,筛选出三个核心的设计需求点。

(1)移动功能与座椅功能,安全稳定,省力设计。

(2)符合人机工程学原理,简单易用。

(3)无障碍设计,与其他设备兼容。

8.2.3 产品风格分析

通过分析市场上现有的移位机的外观设计,比较和分解它们的风格,结合使用者的需求,对产品设计风格做出明确定位:一是安全稳定,突出移位功能;二是外观简洁,不进行过于复杂的装饰。

8.2.4　设计推敲过程

根据设计定位进行初步的思维发散，总结市场上移位机存在的许多缺陷，设计出符合市场定位要求的不同的解决方案，并且尽可能拉大每个方案的差距。

然后，集中对这些方案进行讨论、综合及再研究，绘制方案草图。

系统评估初步创意方案的相关要素，进行细节修正，结合设计团队的讨论结果，最终确定方案。

8.2.5　方案效果图

移位机产品效果图，如图 8-3 所示。

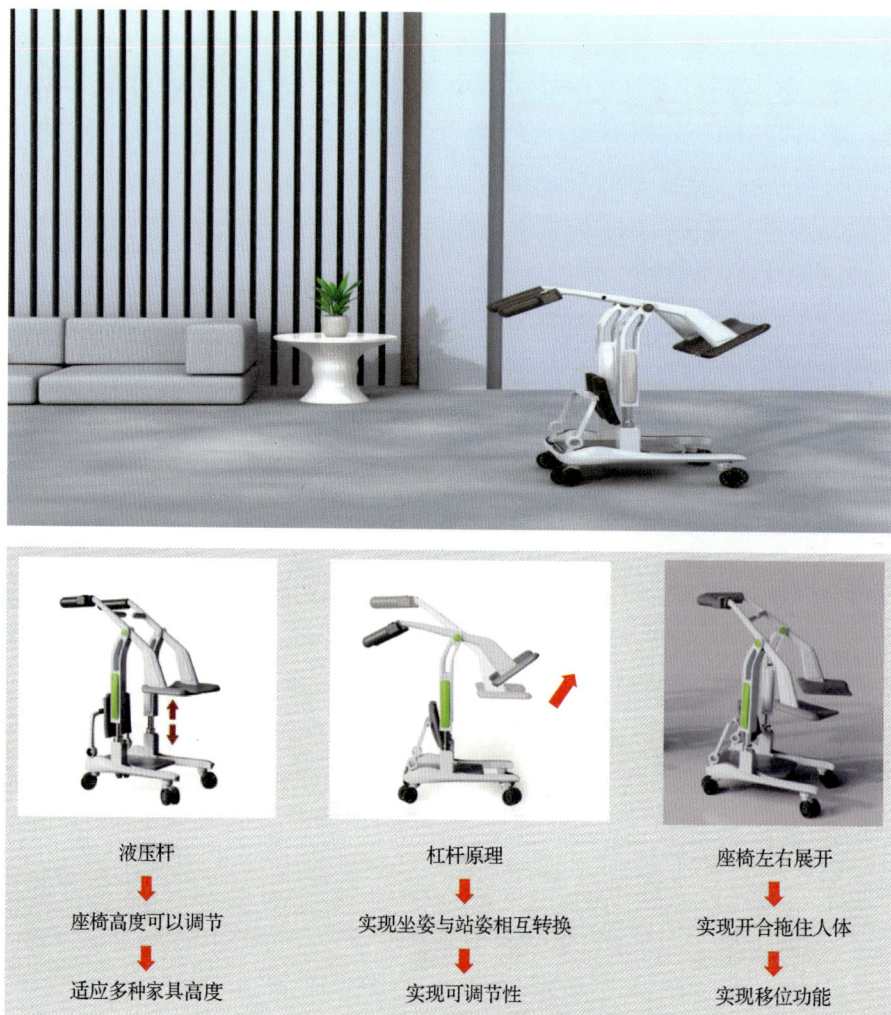

液压杆	杠杆原理	座椅左右展开
↓	↓	↓
座椅高度可以调节	实现坐姿与站姿相互转换	实现开合拖住人体
↓	↓	↓
适应多种家具高度	实现可调节性	实现移位功能

图 8-3　移位机产品效果图

8.2.6　创意说明

本设计是在发现日常生活中普通移位机诸多使用不便之处，并结合使用群体需求而得到的一个方案。特点如下：

（1）现有移位机形态复杂，功能烦琐，而这个设计用简洁的形态、精简的结构、鲜亮的配色设计出了一款结构结实、形态美观的移位机。

（2）现有移位机以病人或老年人为主进行设计，很少考虑护理人员的需求，而这个设计从双用户角度出发，考虑了使用者双方的感受。

8.3　案例三

创作具有独创性的形态，能够给人新颖的感觉，体现出设计师的创作个性。下面的设计通过改善产品原来的操作方式，使产品在使用过程中更适合现代人不断变化的使用习惯，从而使产品更能满足消费者的需要。

独创性的形态包含一种特殊的美感，设计师通过这种美感唤起人们对未来生活的追求。

项目名称：滚筒洗衣机设计

设计者：孔志

8.3.1　问题提出

随着科技的发展，越来越多的新功能被加在洗衣机上，导致洗衣机操作的复杂性和人机信息交换量增加。现有的洗衣机的形态及使用方式能否满足使用者轻松使用的需求呢？

8.3.2　设计计划

首先，制定一个大的设计流程图，进行前期调查，从调查中发现问题，即洗衣机使用方式及其他不足；其次，带着这些问题进行思考，想方设法解决这些问题；最后，得到设计方案。

8.3.3 设计调查

调查谁？怎么调查？设计要尽量满足所有人的需要。因此，调查对象不仅是普通人，还要有残疾人，而且要以残疾人为调查重点，从普通人与残疾人在家庭中的生活状态、做家务的状态、现代家居的生活环境三方面展开调查。

调查过程也是概念逐渐形成的过程，为下一步的洗衣机设计提供依据。概念有了，就要把概念视觉化。

8.3.4 概念构思

（1）考虑到现在的家庭空间普遍不大，尽量使洗衣机节约空间。

（2）在使用洗衣机的过程中，身体最不舒适的部位是腰部，而且全程要弯两次腰。如何简化洗衣的过程，避免弯腰呢？

如果把滚筒设计成可以旋转的，就可以根据使用者的身高或使用习惯，自行调节机盖的位置和高度，使不同使用者都能找到最舒适的操作姿势。

（3）洗衣机的控制面板可以取下来使用，方便肢体残疾的人使用，对普通人来说也是一种新的体验。按键下面可以增加盲文和声音提示装置，便于盲人使用。

8.3.5 设计说明

（1）采用单斜面造型，将机盖与操作按键放置在一个向前倾斜的面上，既降低了人在使用洗衣机时的弯腰程度，又给使用轮椅的人士脚部留有充足的容脚空间。

（2）设计细节，包括洗洁剂盒的把手、开门按键与透明机盖上相应的 LED 灯、侧面盛放洗衣粉或衣架的方便盒都是该方案的设计亮点。

（3）洗衣机有两种开门方式，使用者可以根据身高或操作习惯选择顶开或侧开。

8.3.6　设计方案

滚筒洗衣机产品效果图，如图 8-4 所示。

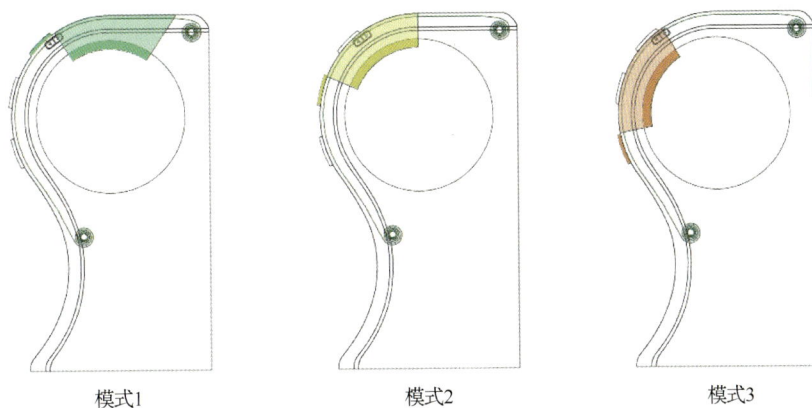

模式1　　　　　　模式2　　　　　　模式3

滚筒转动的三种模式	模式1　站立姿势的人可以保持身体直立状态将衣物放入洗衣机，并操作控制面板。
	模式2　使用轮椅的人可以保持舒适的身体姿势将衣物放入洗衣机，并操作控制面板。
	模式3　洗完衣服之后，站立姿势的人和使用轮椅的人都可以将衣物轻松取出。

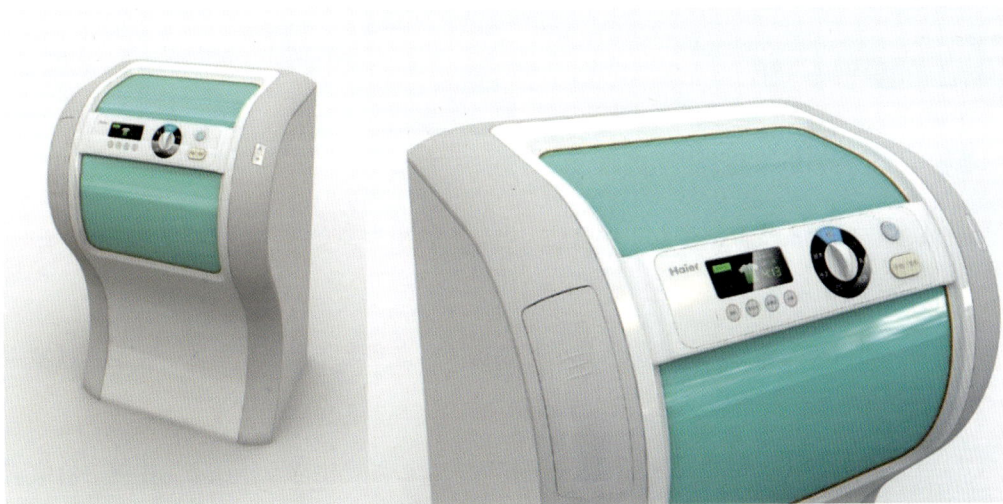

图 8-4　滚筒洗衣机产品效果图

8.4 案例四

产品设计是一个复杂的行为，涉及设计师的感性和理性判断。随着社会文明的进步，人们的需求质量不断增长，对产品形态与性能的要求越来越高。良好的形态设计不仅能够满足人们对产品功能的需求，而且能够更好地传递情感，成为情感的依托。形态设计对产品的内在和外观影响很大。

项目名称： 亲情日历设计

设计者： 张金诚、杨旸、肖宇奇、张惠文、曹洁

8.4.1 设计主题与背景

产品设计的目的是帮助老年人排遣孤独感。受到计划生育政策的影响，传统家庭结构发生变化，4-2-1的家庭结构成为主流，家庭规模日趋小型化，打破了传统三代人甚至四代人同居的家庭模式。现代社会的老年人和子女都要求有自己的"自由空间"。在城市化进程中，中青年生存压力大，大量的中青年离开父母，进入大城市。

8.4.2 设计分析

老年人孤独感有以下几个产生的原因。

（1）缺少与子女的交流。子女工作繁忙，老年人缺少与子女的互动，对子女不够了解，双方缺少共同话题。

（2）生活方式发生转变。随着城市化进程的加快，许多老年人迁居进城，生活方式发生改变，难以适应。

（3）生活失去寄托。老年人退休或失去工作能力，心理产生落差，找不到生活的价值感，难以获得肯定。

（4）缺少娱乐场所和娱乐方式。社区建设不合理，缺少老年人的活动空间。

（5）缺少朋友。老年人社交圈子小，邻里间缺少交流。

最终的设计定位为针对老年人与子女缺少交流互动进行设计。

8.4.3 功能转换

老年人最主要的需求是了解子女的生活，但学习能力有所降低，行为模式也较为固化。子女并不是不想与父母交流，他们同样需要来自家庭的关怀，想了解父母的健康状况。现在通信技术发达，虽然人们可以实时通话，但有时会给双方带来压力，所以产品设计的出发点就是满足以上的需求，建立双方共同的话题，尽量减少沟通压力。老年人与子女的需求分析与转换，如表 8-1 和表 8-2 所示。

表 8-1 老年人的需求分析与转换

人　群	老　年　人		
需求分析	了解子女生活	学习能力降低	行为模式固化
需求转换	照片分享	简单操作	依托传统物件

表 8-2 子女的需求分析与转换

人　群	子　女	
需求分析	了解父母健康状况	家庭关怀
需求转换	父母行为反馈	父母语音传递

8.4.4 设计方案

亲情日历产品效果图，如图 8-5 所示。

图 8-5 亲情日历产品效果图

8.4.5 使用流程

（1）子女打开亲情日历 App，找到当天的日期，将想要分享的照片在 App 上进行编辑，并附上需要告诉父母的文字内容。

（2）新的一天到来，父母需要换掉昨天的旧日历。按住日历上的打印按钮，昨天的日历从下端打印口出来，后面带着子女昨天发过来的图文信息。

（3）将撕下的日历收集起来。一年之后，这不仅是过去一年的日历，还是子女过去一年的相册。

（4）父母按住语音键说话，松开语音键自动发送信息，像给子女发送的微信语音信息。子女端 App 会收到父母发来的语音信息。父母撕下日历也会有信息提醒，以防发生意外。

亲情日历使用流程，如图 8-6 所示。

图 8-6　亲情日历使用流程

8.4.6　设计说明

老年人存在的最大问题是什么？很多老年人关注医疗设备，其实心理上的关注也是非常有必要的，尤其在空巢老年人的生活中，孤独感可能伴随他们很长时间。由于种种原因，子女不能陪在身边，老年人缺少与子女交流互动，这种孤独感尤其明显。在很多情况下，子女并不是不关心父母，而是不知道如何表达。基于帮助老年人排遣孤独感这个主题，"亲情日历"针对老年人与子女缺少交流互动提出解决方案。老年人的需求是了解子女的生活，但有学习能力降低、行为模式相对固化等阻碍，子女的需求是了解父母的健康情况。因此，产品采用让子女通过 App 分享的形式，同时寄托于传统的物件，让子女与父母进行简单的交流互动。

"亲情日历"最困难的部分是如何将传统与科技相结合。换句话说，就是将老年人熟知的操作与年轻人熟悉的操作相结合，采用日历形式是众多方案之一，日历被赋予新的功能与意义。老年人按下打印按钮，打印出子女前一天传送的照片或者文字留言。老年人撕下日历，子女端就会收到反馈信息。老年人可以收集照片成册，看到子女每天成长，还可以通过录音功能传送语音信息给子女。"亲情日历"为老年人与子女建立了一个默契交流的平衡点。

8.5　案例五

对于具有功能性的产品，设计师需要考虑它们的结构和功能，在此基础上再考虑外观设计的合理性。产品要满足用户最基本的需求，基本功能不能失去合理性。设计师要让产品形态追随功能，设计出符合大众需求的产品。

项目名称：智能除草机设计

设计者：姚凯、王东珠

8.5.1　设计要素分析

1. 造型分析

这款除草机采用甲虫形状，是一个富有创意且独特的造型。作为自然界中的小型生物，甲虫以其强大的适应性和高效的移动能力著称。将甲虫这一特征融入除草机设计中，不仅赋予产品生动有趣的外观，还寓意着机器具备强大的适应能力和高效的作业性能。

具体来说，甲虫形状可能有助于除草机在复杂的地形中灵活移动，如田间沟壑、斜坡等。同时，四只轮子的配置（两只前轮、两只后轮）增加了机器的稳定性，使其在作业过程中更加平稳可靠。此外，这种设计还考虑到了除草机与周围环境的和谐，减少了对农作物和土壤的潜在破坏。

2. 色彩分析

这款除草机的主体颜色为白色和橙色，这两种颜色的搭配既醒目又有科技感。白色通常代表纯洁、高效和现代化，而橙色象征活力、创新和温暖。将这两种颜色结合在一起，不仅使除草机在绿色的田野中格外显眼，易于被用户识别和定位，还传达出高科技、高效率的特点。

此外，橙色的履带部位还可以起到警示作用，提醒人们注意机器的运行状态和作业区域，增强使用的安全性。

3. 客户群分析

针对这款除草机的设计特点和功能定位，可以初步确定其目标客户群。

（1）现代农业企业：这些企业注重农业生产效率和质量，对高科技农业装备有较高的需求。这款除草机以智能化、高效率的特点，能够满足现代农业企业对精准农业、绿色农业的追求。

（2）家庭农场和合作社：随着农业现代化的推进，越来越多的家庭农场和合作社开始采用机械化、智能化的生产方式。这款除草机以独特的设计和易操作的特点，能够满足这些用户群体的需求。

（3）农业科技爱好者和创新者：对于关注农业科技发展的创新者和爱好者来说，这款除草机不仅是一台实用的农业设备，还是一个展示农业科技创新成果的平台。他们可能对该产品产生浓厚的兴趣，并愿意尝试使用。

4. 技术分析

（1）激光技术：产品采用高精度激光束，确保除草精确无误，同时减少对环境的热影响，避免对周围农作物造成损害。

（2）智能识别系统：产品集成先进的图像识别器件与激光摄像头，能够实时捕捉并分析田间图像，准确区分杂草与农作物，实现智能化除草。

（3）数据分析与处理：产品内置高性能处理器，能够对采集到的图像数据进行快速分析，识别杂草种类并制定相应的除草策略。

8.5.2 设计定位

（1）目标市场：产品定位于现代农业领域，特别是追求高效、精准、环保的家庭农场、农业合作社及大型农业企业。

（2）用户需求：产品解决了传统除草方式效率低、成本高、易伤害农作物，以及造成环境污染等问题，提供了一种高效、智能、环保的除草解决方案。

（3）产品定位：作为一种高端智能农业设备，产品旨在通过技术创新推动农业自动化进程，提升农业生产效率与质量，促进农业可持续发展。

8.5.3 设计说明

这款除草机以"精准、智能、环保"为核心设计理念，融合现代激光技术与智能识别技术，为农业领域带来一场除草方式的革命。它通过精准识别杂草种类，实施针对性除草，既保护了农作物生长环境，又提高了除草效率，增强了除草效果。

8.5.4 设计方案

智能除草机产品效果图，如图 8-7 所示。

图 8-7　智能除草机产品效果图

智能除草机设计细节，如图 8-8 所示。

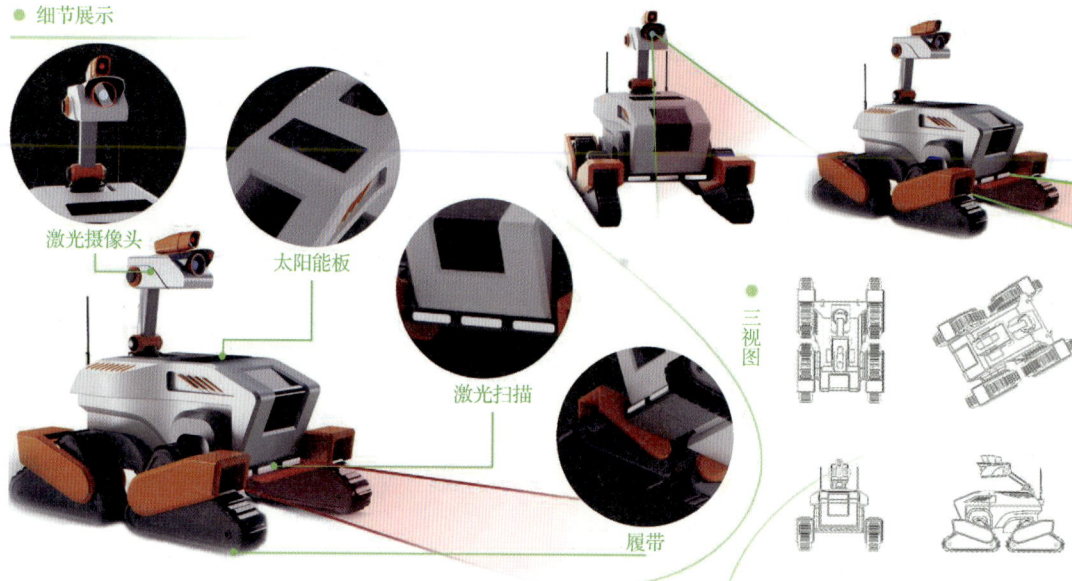

图 8-8　智能除草机设计细节

8.6　案例六

形态的设计灵感可以来自生活的每个细节或者周边的每个事物，设计师只要有一双发现美的眼睛，就可以将最熟悉、最普遍的东西运用到设计当中，这样的设计也能引起人们的共情。

项目名称：婴幼儿辅助进食叉勺设计

设计者：王东珠

8.6.1　设计目标的确定

6 个月左右的婴幼儿处于最合适的喂辅初期。婴幼儿自己吃饭是一种很复杂的活动，要求婴幼儿的手、眼、口高度协调，同时需要上半身多组肌肉配合，这些全部受大脑指挥。因此，培养婴幼儿独立吃饭是十分必要的早期教育。在学习吃饭初期，婴幼儿会有些不习惯，对吃饭的一些动作不熟悉，这就需要家长使用正确的诱导餐具和耐心教导。此次针对婴幼儿学食初期的辅助进食工具进行改良设计。本设计的研究范围包括婴幼儿手掌抓握的舒适度、婴幼儿进食的便捷度、家长对产品的要求、餐具外观的设计、安全材料的选择。设计主要关键点包括：产品尺寸结构应该贴合婴幼儿学食初期的手掌、手指抓握习惯、材料安全性、婴幼儿单独操作的安全性、配色和外观。

8.6.2　设计草图推敲过程

婴幼儿辅助进食叉勺设计草图推敲过程，如图 8-9 所示。

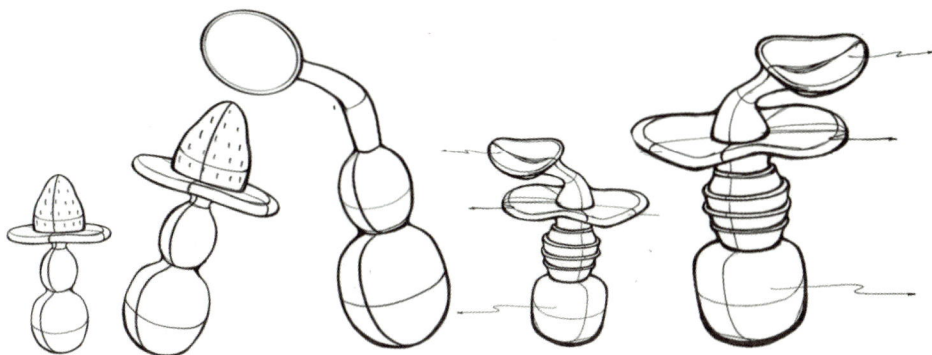

图 8-9　婴幼儿辅助进食叉勺设计草图推敲过程

8.6.3　设计方案

婴幼儿辅助进食叉勺设计方案，如图 8-10 所示。

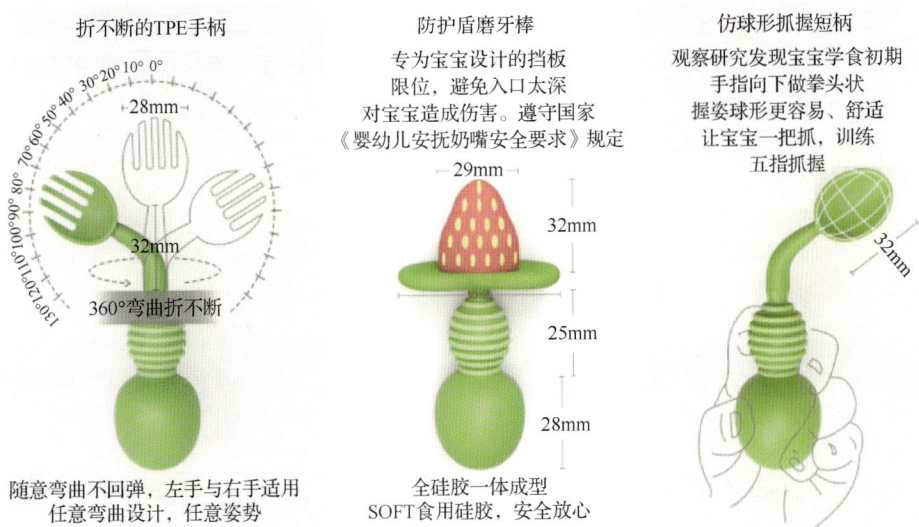

折不断的TPE手柄
28mm
32mm
360°弯曲折不断
随意弯曲不回弹，左手与右手适用
任意弯曲设计，任意姿势

防护盾磨牙棒
专为宝宝设计的挡板
限位，避免入口太深
对宝宝造成伤害。遵守国家
《婴幼儿安抚奶嘴安全要求》规定
29mm
32mm
25mm
28mm
全硅胶一体成型
SOFT食用硅胶，安全放心

仿球形抓握短柄
观察研究发现宝宝学食初期
手指向下做拳头状
握姿球形更容易、舒适
让宝宝一把抓，训练
五指抓握
32mm

图 8-10　婴幼儿辅助进食叉勺设计方案

8.6.4 设计说明

婴幼儿辅助进食叉勺产品效果图，如图 8-11 所示。

图 8-11 婴幼儿辅助进食叉勺产品效果图

辅助进食阶段是婴幼儿成长中的重要时期，这一阶段不仅关乎营养摄入，也影响婴幼儿对餐具的接受度及自主进食能力的培养。本设计旨在设计一款既安全又富有创意的辅助进食叉勺，通过细腻观察与汲取灵感，将生活中的美好元素融入产品之中，使之不仅成为辅助婴幼儿进食的工具，还成为激发婴幼儿探索欲、培养良好饮食习惯的伙伴。

1. 设计灵感来源

（1）自然形态：模仿自然界中温和、无害的形态，如树叶的轮廓、花朵的曲线，为叉勺赋予柔和而不失趣味的外形，让婴幼儿在使用时感受到大自然的亲近与温暖。

（2）日常生活细节：观察婴幼儿日常接触的物品，如玩具、绘本中的角色或图案，提取其色彩与形态特点，设计出婴幼儿既熟悉又新奇的叉勺，易于引起婴幼儿的共鸣与喜爱。

（3）安全与功能性考量：使用医用硅胶材质，确保无毒、无味、耐高温。同时，设计防滑手柄，便于婴幼儿小手抓握，设计圆润无锐角的勺头，保护婴幼儿娇嫩的口腔与牙龈。

2.设计特色

（1）趣味形态：叉勺头部设计成小动物或卡通角色的形状，如小熊的脚掌、小兔子的耳朵等，增加婴幼儿用餐的乐趣，鼓励婴幼儿自主进食。

（2）色彩搭配：采用温馨明亮的色彩搭配，如淡蓝、粉红、嫩黄等，刺激婴幼儿的视觉发育，同时营造愉悦的用餐氛围。

这款婴幼儿辅助进食叉勺，基于设计师对婴幼儿心理与生理需求的深刻理解，以及对生活细节的敏锐捕捉，力求在保障安全实用的基础上，融入更多的情感与教育价值，让每一个辅助进食时光都成为婴幼儿成长路上的温馨记忆。

8.7　案例七

产品形态设计首先要满足使用者对产品功能的基本需求，确保产品的实用性和可靠性；其次应该围绕产品的核心功能展开，使产品在实现功能的同时，具备良好的操作性和便捷性。

项目名称： 老年人健身产品设计

设计者： 黄绪榕

8.7.1　设计背景

随着年龄的增长，老年人的身体机能逐渐下降，行动能力受限。因此，适老化产品的形态设计需要充分考虑老年人的身体特点，如视力、听力、平衡能力等方面的衰退，以确保产品易于使用且安全。除了生理上的变化，老年人在心理上也需要得到关注和满足。产品形态设计应该注重情感化设计，通过色彩、材质、形状等元素营造温馨、舒适的环境，增强老年人的归属感和幸福感。

8.7.2　设计分析

本设计深植于对老年人群体健身需求的深刻理解之上，核心聚焦产品功能的全面优化、个性化梯度健身目标的设定、科学严谨的健身指导体系构建、积极向上的健身氛围营造，以及逐步增强老年人用户运动的信心。从产品构思到服务体验的每个细节，我们都进行了深入细致的设计探索，旨在打造一款既能够满足老年人实际健身需求，又能够激发其持续参与热情的老年人健身产品，并成功完成了这一目标。

8.7.3 设计创新点

本设计以产品功能优化、梯度健身目标、科学健身指导、健身氛围营造、运动信心建立的产品核心价值为中心，从产品到服务进行了一系列设计探索，完成了老年人健身产品设计实践。用户可以在迈悦 App 选择周训练计划或碎片化训练模式，完成沉浸、高效的系列健身动作。产品以培养科学、自律的健身习惯为目标，通过主动提醒与交互、轻松愉快的社交环境提高健身频率，为老年人健身产品设计的应用研究提供了新的设计视角。

8.7.4 设计方案

随着人口老龄化趋势的加剧，为老年人提供安全、便捷、有效的健身解决方案变得尤为重要。老年人健身产品旨在满足老年人保持身体健康、提升生活质量的需求，通过科学合理的形态设计，结合老年人的生理特点和心理需求，促使老年人进行适度的锻炼，预防疾病，延缓衰老，提升晚年生活的幸福感和独立性。

老年人健身产品效果图，如图 8-12 所示。

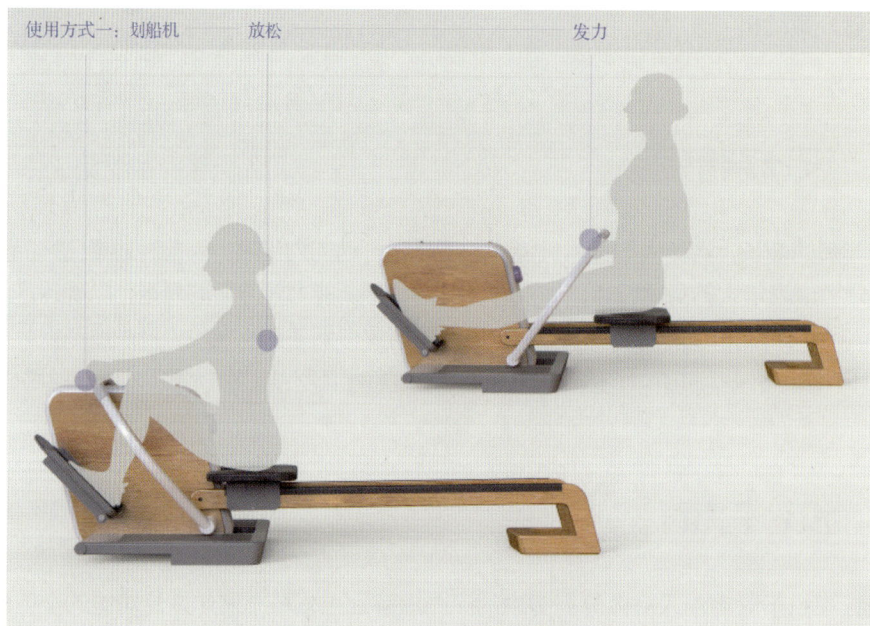

图 8-12 老年人健身产品效果图

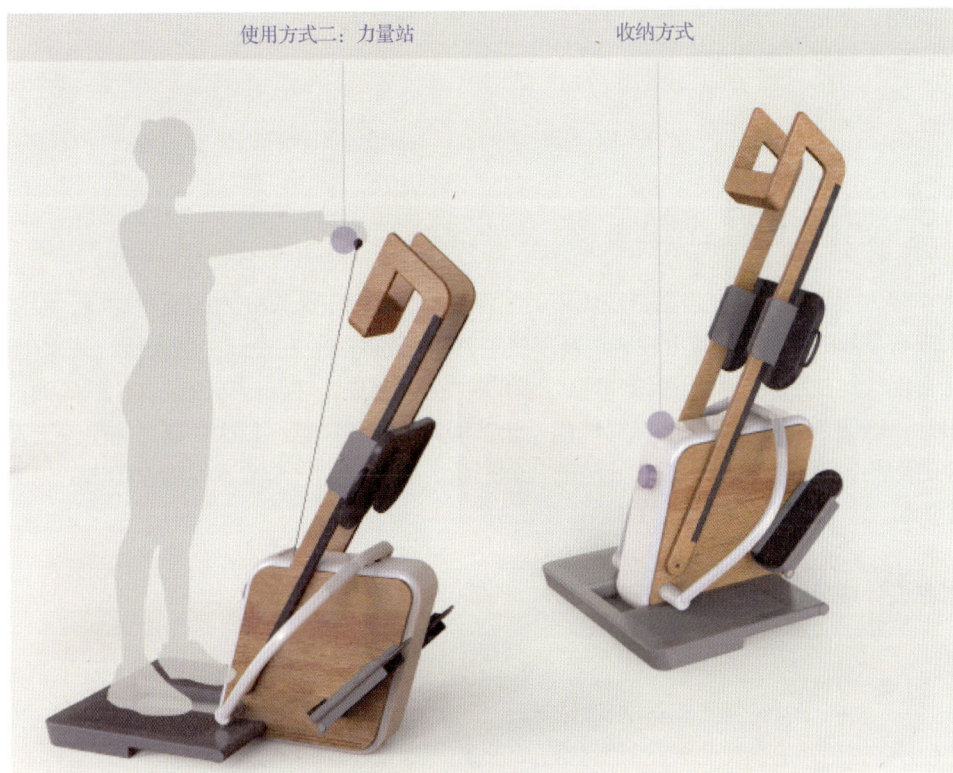

使用方式二：力量站　　　　　　　　　收纳方式

图 8-12　老年人健身产品效果图（续）

8.8　案例八

产品形态设计强调创新，勇于突破传统设计框架，运用前沿的设计理念和技术，打造出具有未来感和科技感的产品形态。

项目名称： 茶具设计

设计者： 毛竹青

8.8.1　设计目标

当下生活节奏加快，传统的饮茶方式已经不再适合年轻一代。针对年轻人设计的茶具应当集现代简约、便捷多功能、创意个性化、文化韵味与科技融合，以及实用性与美观性于一体，以满足年轻人多样化的需求。

8.8.2 设计说明

为年轻人设计的茶具应当融合现代审美、便捷性、创意元素及一定的文化韵味，以满足年轻人追求有品质的生活、注重个性表达及享受茶艺时光的需求。在设计中融入传统茶文化元素，同时结合现代科技手段，展现传统与现代的和谐共生。首先，在保留传统茶文化的同时搭配智能化设计，确保茶具具有良好的保温性能，让茶汤保持最佳口感。其次，通过仿生设计及对产品形态的切割，采用流畅的线条和简洁的几何形状，如圆形、方形或不规则但和谐的轮廓，避免烦琐的装饰，展现现代简约之美。

茶具设计细节，如图 8-13 所示。

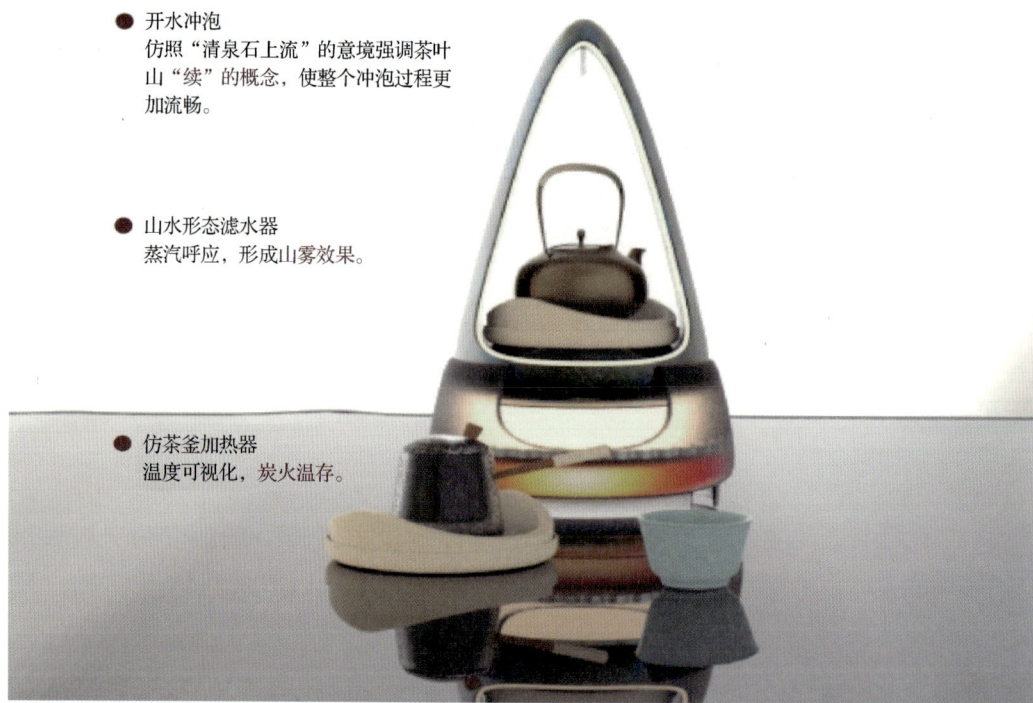

● 开水冲泡
仿照"清泉石上流"的意境强调茶叶山"续"的概念，使整个冲泡过程更加流畅。

● 山水形态滤水器
蒸汽呼应，形成山雾效果。

● 仿茶釜加热器
温度可视化，炭火温存。

图 8-13　茶具设计细节

8.8.3 产品效果

茶具产品效果图，如图 8-14 所示。

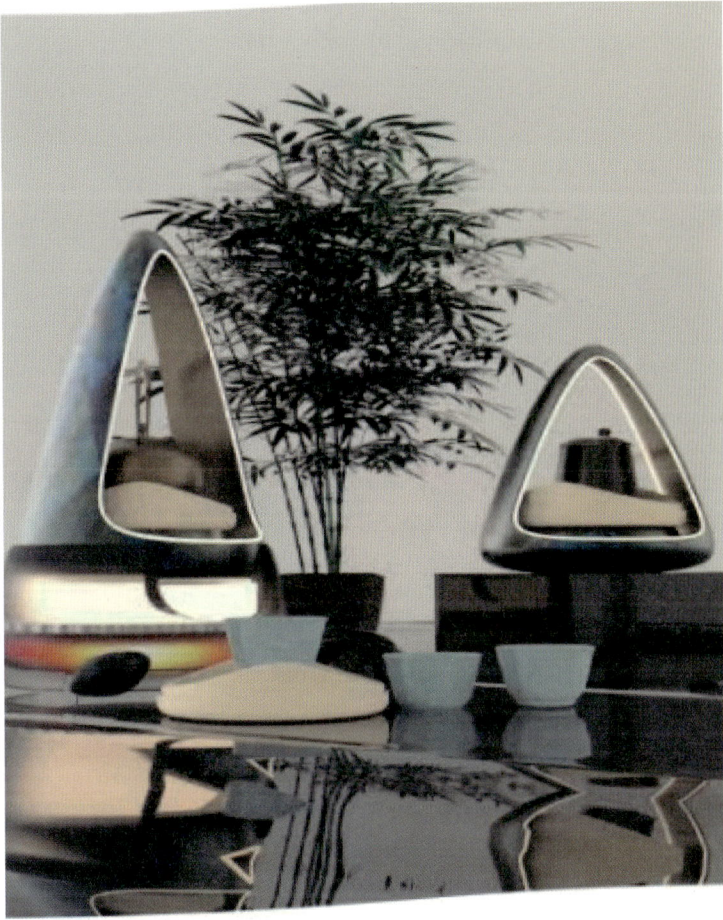

图 8-14　茶具产品效果图

参 考 文 献

[1] 刘国余. 产品形态创意与表达 [M]. 上海：上海人民美术出版社，2004.

[2] 刘国余，沈杰. 产品基础形态设计 [M]. 北京：中国轻工业出版社，2004.

[3] 柳沙. 设计艺术心理学 [M]. 北京：清华大学出版社，2006.

[4] 陈慎任. 设计形态语意学 [M]. 北京：化学工业出版社，2005.

[5] 赵剑清. 产品设计教学解码 [M]. 福州：福建美术出版社，2006.

[6] 彭吉象. 艺术学概论 [M]. 北京：北京大学出版社，2006.

[7] 胡飞，杨瑞. 设计符号及产品语意 [M]. 北京：中国建筑工业出版社，2005.

[8] 吴祖慈. 艺术形态学 .[M]. 上海：上海交通大学出版社，2003.

[9] 李砚祖. 产品设计艺术 [M] 北京：中国人民大学出版社，2005.

[10] 张子娇. 形态呈现的课题设计研究 [D]. 南京：南京艺术学院，2014.

[11] 贾韵博. 浅析学龄前儿童食具的情趣化设计 [D]. 天津：天津科技大学，2015.

[12] 毛选波. 现代设计中的人文价值与设计美学的纠葛 [J]. 理论观察，2008（5）:147–148.

[13] 高婧淑. 竹制灯具形态设计研究 [D]. 长沙：中南林业科技大学，2014.

[14] 陆南，王婷婷. 论传统图形符号的艺术内涵 [J]. 河南工业大学学报（社会科学版），2010，6（4）:101–103，107.

[15] 景芳芳. 在使用环境中寻找产品功能和形态的个性 [J]. 大众文艺，2011（4）:181.

[16] 郭南初. 产品形态仿生设计关键技术研究 [D]. 武汉：武汉理工大学，2012.

[17] 卢娜. 产品设计语意的美学问题 [D]. 沈阳：辽宁大学，2011.

[18] 赵瑞娜. 面向用户感知的产品形态设计方法研究 [D]. 西安：西安理工大学，2017.

[19] 温为才，陈振益，苏柏霖，等. 产品造型设计的源点与突破 [M]. 北京：电子工业出版社，2015.